Adobe Illustrator
标准教材（中文版）

王海振 著 Adobe 授权培训中心 审校

人民邮电出版社

北 京

图书在版编目（CIP）数据

Adobe Illustrator标准教材：中文版 / 王海振著
. -- 北京：人民邮电出版社，2023.8
ISBN 978-7-115-61259-5

Ⅰ．①A… Ⅱ．①王… Ⅲ．①图形软件－教材 Ⅳ.
①TP391.412

中国国家版本馆CIP数据核字(2023)第035814号

内 容 提 要

本书是 Adobe 授权培训中心官方教材，本书深入浅出地讲解 Illustrator 的使用技巧，并结合实战案例进一步引导读者掌握软件的使用方法。

全书根据 Illustrator 2020 进行讲解。第 1 课讲解 Illustrator 的应用和学习方法，以及 Illustrator 的安装方法和界面；第 2 课讲解 Illustrator 的基础操作和常用工具；第 3 课讲解图形工具组的相关知识与应用；第 4 课讲解绘画工具的相关知识与应用；第 5 课讲解文字工具的相关知识与应用；第 6 课讲解数字绘画的相关知识以及如何利用 Illustrator 进行插画设计；第 7 课讲解如何利用 Illustrator 进行版式设计以及版式设计的原则；第 8 课讲解运营设计的行业知识、设计方法，并通过案例讲解如何利用 Illustrator 进行运营设计；第 9 课结合案例讲解品牌设计的相关知识，以及如何运用 Illustrator 做品牌设计。第 2～9 课最后均附有 Adobe 国际认证考试的模拟题，并布置了作业，用以检验读者的学习效果。

本书配有视频教程、讲义，以及案例的素材文件、源文件和最终效果文件，以便读者拓展学习。

本书适合备考 Adobe 国际认证和 Illustrator 的初、中级用户学习使用，也适合作为各院校相关专业和培训机构的教材或辅导书。

◆ 著　　　　王海振
　 审　　校　Adobe 授权培训中心
　 责任编辑　张天怡
　 责任印制　陈 犇

◆ 人民邮电出版社出版发行　　北京市丰台区成寿寺路 11 号
　 邮编　100164　电子邮件　315@ptpress.com.cn
　 网址　https://www.ptpress.com.cn
　 廊坊市印艺阁数字科技有限公司印刷

◆ 开本：787×1092　1/16
　 印张：12.25　　　　　　　　2023 年 8 月第 1 版
　 字数：263 千字　　　　　　 2024 年 9 月河北第 3 次印刷

定价：59.80 元

读者服务热线：(010)81055410　印装质量热线：(010)81055316
反盗版热线：(010)81055315
广告经营许可证：京东市监广登字 20170147 号

序

　　从超越空间与时间的角度来观察数字艺术行业是非常有趣的。数字艺术作为产业经济中的辅助支持性行业，在新型数字经济生产力下的具体形态和实践中，为经济转型和社会进步提供了极其重要的载体、工具与方法。它不但发展了创意设计本身，还推动了传统社会与经济的价值链、传播链的进化。

　　20世纪60年代发展并逐渐成熟的新媒体艺术，为艺术家全方位地进行创作提供了新的平台，在20世纪90年代末步入全新的数字艺术阶段。在全球，数字艺术的蓬勃发展引领了新一轮的艺术潮流，毫无疑问，数字艺术产业是21世纪知识经济产业的核心之一。在美国，近几年的电脑动画及其相关影像产品的销售每年都获得了上百亿美元的收益；在日本，媒体艺术、电子游戏、动漫卡通等作品已经领先世界，数字艺术产业成为日本的第二大产业；在韩国，数字内容产业已经超过汽车产业成为第一大产业。窥一斑而知全豹，通过上述的数据，我们可以看到数字艺术广阔的发展前景。

　　在数字艺术的发展过程中，Illustrator记录着大时代变迁的步伐，融入了数字经济发展的脉搏。Illustrator不仅与这个时代共同成长，也已经成为这个时代重要的一部分，数字艺术行业随着互联网行业的发展在快速精进、迭代，正在成为数字经济蓬勃发展进程中一股强大的助推力量。

　　很多人对"创意设计"有误解，认为它是少数天才与生俱来的能力。其实，创意设计是一整套系统性的、上下认可的方案。本书以"专业知识和软件技术深度融合、讲解和练习并重、帮助读者解决实际问题"为宗旨，组织多位专家进行编写，博采众长，融合提炼。本书不仅从经典的理论中汲取了养分，还总结了创意设计行业的实践经验。

郭功清

Adobe授权培训中心 总经理

软件介绍

Illustrator是Adobe公司推出的一款矢量图形制作软件。平面设计师可以用Illustrator设计海报、广告等视觉作品；插画师可以用Illustrator绘制数字绘画作品；网页设计师可以用Illustrator绘制图形、图标，以及设计网页的视觉效果……Illustrator拥有强大的选区、蒙版、绘制等功能，可以用来完成专业的网页设计、海报设计、书籍排版、多媒体图像处理等工作，创作出震撼人心的视觉作品。

本书是基于Illustrator 2020编写的，建议读者使用该版本软件来配合学习，如果读者使用的是其他版本的软件，也可以正常学习本书所有内容。

内容介绍

第1课"走进神奇的Illustrator世界"通过多个作品讲解使用Illustrator可以做什么，以及高效学习Illustrator的方法，最后带领读者安装Illustrator并认识其界面。

第2课"基础操作和常用工具"讲解Illustrator中新建文档、文档设置、保存文档、导出文档等基础操作，以及打开和查看文件、视图的设置、对象的基础操作等常用操作。

第3课"图形"通过多个案例讲解Illustrator中图形工具组的基础用法、简单图形的绘制方法，以及线性和面性图标的绘制流程。

第4课"绘画工具"讲解Illustrator中用于绘画的各种工具和不同画笔的使用技巧，并通过多个典型案例巩固所学内容。

第5课"文字"讲解文字设计的基础知识及文字工具的使用方法，并通过多个案例讲解用文字工具结合其他工具制作不同效果的特效文字的方法。

第6课"插画设计"讲解数字绘画的基础知识，并通过3个案例讲解不同风格的绘画技巧和适用情况。

第7课"版式设计"讲解版式设计的基础知识和版式设计的原则，并通过实操案例加深读者对版式设计原则的理解。

第8课"运营设计"讲解运营和运营设计的基本概念、分类、特点、高效的设计方法等，并通过典型案例巩固所学知识。

第9课"品牌设计"讲解品牌设计的基础知识，并通过一个完整的案例讲解品牌设计每一个环节的制作方法。

本书特色

本书内容循序渐进，理论与应用并重，能够帮助读者从零基础入门到进阶提升。此外，本书配有完备的课程资源，引入了大量的视频教学内容，使读者可以更好地理解、掌握本书的知识，并熟练运用Illustrator。

本书针对图标创作、文字设计、数字绘画、版式设计、运营设计和品牌设计等具体的设计工作，先讲解相关工作必备的理论知识，再通过实战案例加深读者理解，让读者真正做到"知其然，知其所以然"。

增值服务

本书配套资源丰富，包括视频教程、讲义、案例素材文件、源文件及最终效果文件。

图书导读

① 导读音频：使读者了解本书的创作背景及教学侧重点。

② 讲义：可以使读者快速梳理知识要点，也可以帮助老师制作课程教案。

软件学习

① 全书素材文件和源文件：读者使用和书中相同的素材，边学习边操作，可以快速理解知识点。采用理论学习和实践操作相结合的方式，能够加深理解和巩固学习效果。由于字体版权问题，本书配套资源不提供字体，所以配套源文件的效果可能会与书中案例效果不同，但是不影响读者学习。

② 精良的教学视频：配套视频使教学更加生动形象，视频教程与书中内容相辅相成。

读者收获

学习完本书后，读者可以熟练地掌握Illustrator的操作方法，还能对图标创作、文字设计、数字绘画、版式设计、运营设计和品牌设计等工作有更深入的理解。

本书难免存在错漏之处，希望广大读者批评指正。

编者

2023年6月

本书按课、节、知识点、案例、本课模拟题和作业几个模块对内容进行了划分。

课 每课讲解具体的功能或项目。

节 将每课的内容划分为不同的学习任务。

知识点 将每节内容的理论基础分为不同的知识点进行讲解。

案例 对该课或该节的知识进行练习。

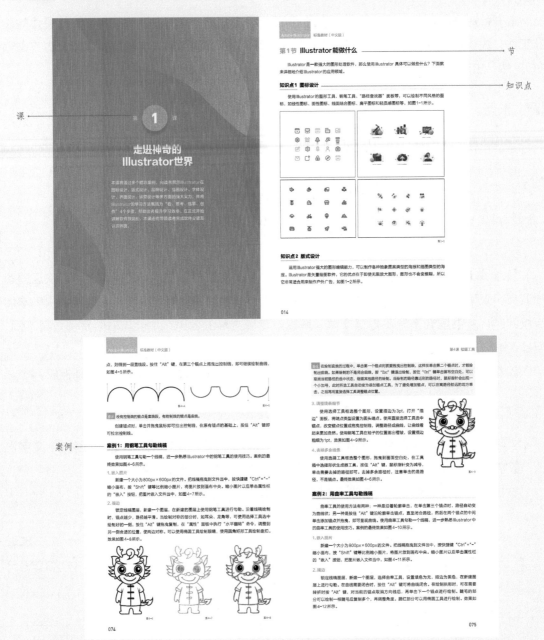

本课模拟题 Adobe国际认证考试模拟题包含题目、参考答案和解析，帮助读者巩固所

学知识、备考Adobe国际认证（ACP）。

作业 提供详细的作品规范、素材和要求，帮助读者检验自己是否掌握并能灵活运用所学知识。

本课模拟题 ——————

参考答案 ——————

作业 ←——————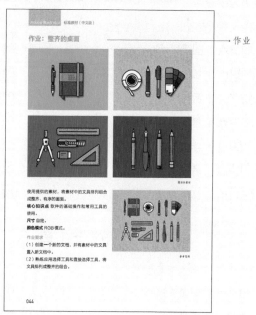

目录

目录

课时建议

本书为各院校及培训机构相关专业的老师提供了课时建议，以便老师们制订相关的课程计划。

课程名称	Adobe Illustrator标准教材			
教学目标	使学生能够熟练掌握Illustrator的基本操作和各种工具的使用，并能够利用Illustrator处理矢量图，创作出合格的平面作品。			
总课时	64	总周数		8
课时安排				
周次	建议课时	教学内容		作业数量
1	8	第1课　走进神奇的Illustrator世界 第2课　基础操作和常用工具		1
2	8	第3课　图形		1
3	8	第4课　绘画工具		1
4	8	第5课　文字		1
5	8	第6课　插画设计		1
6	8	第7课　版式设计		1
7	8	第8课　运营设计		1
8	8	第9课　品牌设计		1

第 **1** 课

走进神奇的
Illustrator世界

本课将通过多个精彩案例，向读者展示Illustrator在图标设计、版式设计、品牌设计、插画设计、字体设计、界面设计、运营设计等多方面的强大实力；并将Illustrator的学习方法概括为"看、思考、临摹、创作" 4个步骤，帮助读者提升学习效率。在正式开始讲解软件技能前，本课还将带领读者完成软件安装及认识界面。

第1节 Illustrator能做什么

Illustrator是一款强大的图形处理软件，那么使用Illustrator 具体可以做些什么？下面就来详细地介绍Illustrator的应用领域。

知识点1 图标设计

使用Illustrator的图形工具、钢笔工具、"路径查找器"面板等，可以绘制不同风格的图标，如线性图标、面性图标、线面结合图标、扁平图标和轻质感图标等，如图1-1所示。

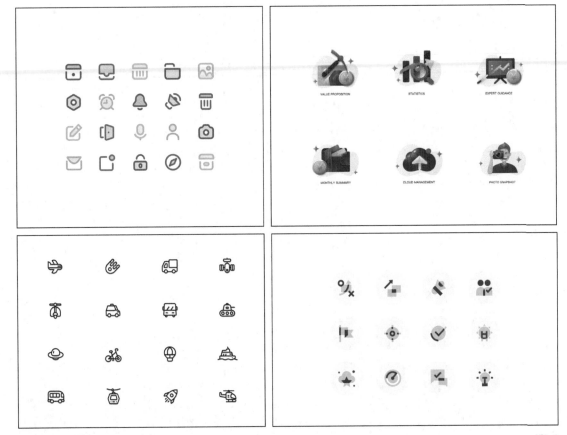

图1-1

知识点2 版式设计

运用Illustrator强大的图形编辑能力，可以制作各种抽象图案类型的海报和插图类型的海报。Illustrator是矢量绘图软件，它的优点在于即使无限放大图形，图形也不会变模糊，所以它非常适合用来制作户外广告，如图1-2所示。

图1-2

知识点3 品牌设计

什么是品牌设计？品牌设计可以帮助企业构建形象，形成品牌价值，从而加深消费者的印象，增强消费者的归属感和认同感，如图1-3所示。

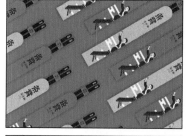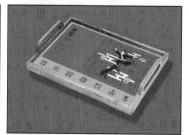
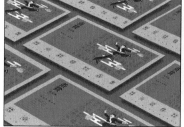

图1-3

品牌设计包括哪些内容？品牌设计包括的内容比较多且复杂，其中最重要的是VI设计。VI设计包括Logo设计、字体设计、图形设计和使用规范，以及VI的应用系统等，如图1-4所示。总之一切与品牌相关的设计都算品牌设计。

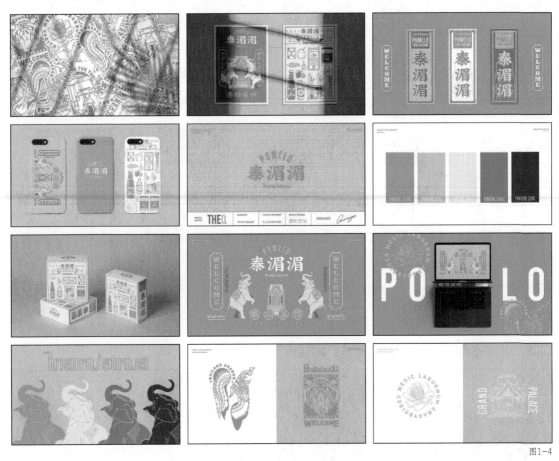

图1-4

Illustrator可以严谨地绘制Logo及其辅助元素，并且矢量文件可以很好地应用在各个场景中，如图1-5所示。

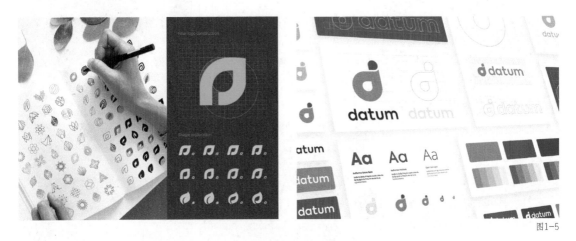

图1-5

知识点4 插画设计

灵活运用图形工具组、直线段工具、钢笔工具、"路径查找器"面板、"色板"面板、"渐变"面板等，可以绘制出多种风格的矢量插图，如图1-6所示。

图1-6

知识点5 字体设计

为文字创建轮廓，使其成为可以任意调整的图形，把笔画或串联、或断开、或置换，形成有设计感的文字，如图1-7所示。

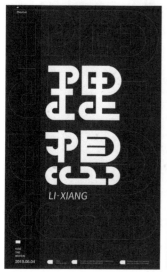

图1-7

知识点6 界面设计

借助网格、辅助线规范界面布局，再对图形、描边、颜色、效果等进行综合应用就能完成界面设计，如图1-8所示。

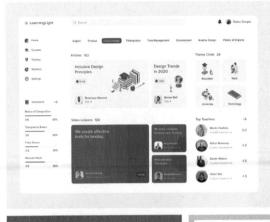

图1-8

知识点7 运营设计

随着用户审美水平不断提高，相关设计岗位的分类也越来越精细，从而产生了运营设计。运营设计需要设计师有运营思维和良好的设计能力，一个合格的设计不仅要保证画面的美感，同时也要注意用户的需求和产品营销。插画作为强有力的视觉表现手法，被广泛应用到运营设计里。运营插画主要适用于banner、H5、开屏页、专题页、活动页等。运营插画的特点：画面简洁大方、色彩鲜明、结构简单，容易上手，如图1-9所示。

图1-9

用Illustrator绘制的插图和设计的素材风格自然清新、寓意丰富，且随着自媒体时代的来临，用Illustrator绘制运营插画的需求日益增多，熟练使用Illustrator成为招聘设计师的必备条件。因此Illustrator是插画设计师亟须掌握的软件，如图1-10所示。

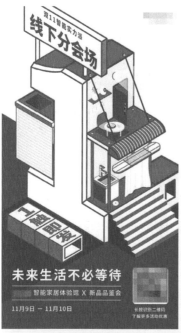  

图1-10

除了上述的作用，Illustrator还有很多有趣的功能，本书在后面的课程中将陪伴读者一起探索。

第2节 如何学习Illustrator

Illustrator的矢量绘图功能非常强大，它的功能很多，因此有的人担心学起来很困难，实际上只要掌握正确的方法，Illustrator学起来一点都不难。

Illustrator只是一个实现想法和创意的工具，只要掌握其核心功能并反复练习就可以实现很多常见的设计效果。但是，学会使用软件后，很多人依然做不出好看的作品——这才是学习Illustrator的难点所在。

那么，如何提升创作作品的能力呢？

只需要坚持图1-11所示的看、思考、临摹、创作4个步骤的循环练习就可以了。

图1-11

知识点1 看

看就是看大量优秀的作品。

去哪里看？在图1-12所示的花瓣网、站酷网、UI中国等设计网站上可以轻松找到很多优秀的作品。

在这一步中，练习的关键是"大量"。因为人的审美会被平时所看的东西影响，所以只有看过大量美的东西，审美才会得到提升。看作品时不要只关注自己感兴趣的领域，而要看各种各样优秀的作品。

图1-12

知识点2 思考

在看到一幅好的作品时，可以多思考它究竟好在哪里，可以分析作品的构图、色彩搭配等，还可以从作品的细节进行分析。例如图1-13左边的海报，可以分析图形的制作方法、

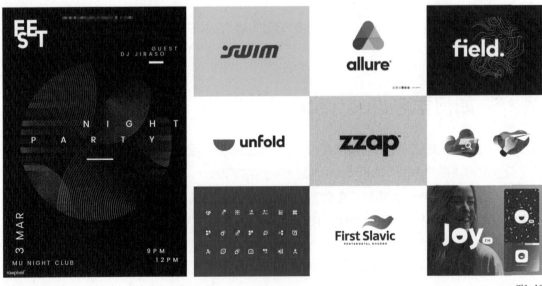

图1-13

文字的摆放方式、色彩的使用，以及它背后的创意；右图可以学习Logo的巧妙构思、图形的变形方式等。在分析作品的同时，也需要思考自己的技术水平如何提升。

知识点3 临摹

临摹就是动手将好的作品还原出来。初学者可以从感兴趣的方面入手，逐步确立学习目标。临摹的作品由易到难，更容易让我们建立自信心，做到持之以恒，有量的积累才能有质的飞跃，如图1-14所示。在临摹的过程中，反复练习软件技术和打磨作品，技法纯熟以后就可以尝试自己创作了。

图1-14

知识点4 创作

创作阶段需要找一些真实的项目来做作品。

对于新人来说，自己命题创作通常比较困难，因此，在刚开始创作的时候可以去参加一些比赛，做比赛的项目。如果还处于学生阶段，可以参加图1-15所示的大广赛、AATC系列创意大赛等。

图1-15

在图1-16所示的站酷网、UI中国等设计网站上也有很多商业设计比赛可以选择。这些商业设计比赛是网站与企业联合举办的，通常都有特定的主题和宣传需求，跟真实的项目非常相似。多参加这类商业设计比赛也能积累丰富的项目经验。

图1-16

第3节 安装Illustrator并认识界面

在进入正式的Illustrator技能学习前，需要安装好软件，并且认识软件的界面。认识软件界面包括认识各个功能区的名称、位置和主要用途。认识软件界面后，可以在后续的学习中更快地找到对应的操作位置，提升学习的效率。

知识点1 安装Illustrator

Illustrator几乎每年都会进行一次更新迭代，更新的内容包括部分功能的优化和调整，以及增加一些新功能等。因此，建议大家安装较新的Illustrator软件版本，这样可以体验到软件的新技术和新功能。

本书是以Illustrator 2020为基础进行讲解的，建议初学者下载相同的版本来进行同步练习。

先下载Illustrator的安装文件，需要登录图1-17所示的Adobe官方网站，然后找到"支持与下载"栏目，就可以在该栏目下载正版的Illustrator安装文件了。

下载安装文件后，根据安装文件的提示，按步骤进行软件安装即可。

图1-17

知识点2 认识界面

安装好软件后，可以打开软件来认识一下软件的工作界面，如图1-18所示。单击"新

图1-18

"建"按钮，弹出"新建文档"对话框，里面有详细的画板设置选项，可以根据需求进行设置，详细的操作会在后面的章节中进行讲解。单击"打开"按钮，则可以打开已有的文件。还可以直接单击"快速开始新文件"下方的常用尺寸，进入图1-19所示的工作界面。

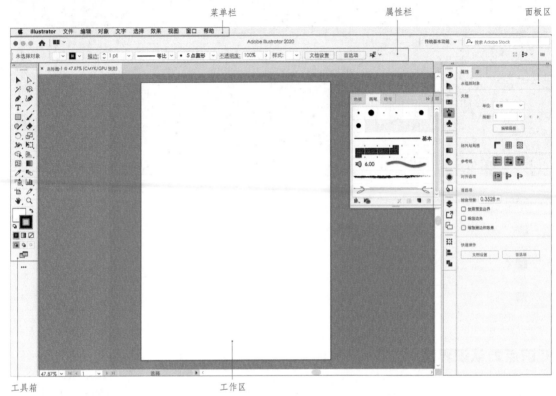

图1-19

菜单栏：菜单栏位于软件界面的最上方，包含了Illustrator的所有功能。

工具箱：工具箱位于软件界面左侧，包含了Illustrator的常用工具。在工具箱中选择工具后，一般需要在工作区中进行操作。

属性栏：旧版本的属性栏一般位于菜单栏的下方，CC 2018版本以后新增了"属性"面板，位于面板区，它与属性栏的功能一致，主要用于设置工具或对象的属性。在选择不同的工具后，属性栏会有相应的变化。

面板区：面板区位于软件界面的右侧，在初始状态下，面板区中一般会有"颜色""属性""画笔""描边""图层"等多个常用面板。

工作区：工作区位于软件界面的中央，是面积最大的区域，这个区域会呈现图形的效果，是工具操作的区域。

> 提示　如果在面板区找不到想要的面板，可以使用"窗口"菜单打开相应的面板。在工作时，界面中可能堆叠了很多面板，导致工作区可操作范围变小，此时可以执行"窗口-工作区-重置基本功能"命令，恢复各面板原来的位置。

提示 如果在菜单栏下方找不到属性栏，且不习惯用右侧的"属性"面板，可以执行"窗口-工作区-传统基本功能"命令，将属性栏显示出来。若执行"窗口-工作区-基本功能"命令，则不显示属性栏。

第 **2** 课

基础操作和
常用工具

本课主要解决初学者刚接触Illustrator时面对的基础操作问题，如新建和保存文档、打开和查看文件、视图的设置、对象的基础操作等。另外，本课还将讲解基础操作中常用的工具，如抓手工具、选择工具、直接选择工具、魔棒工具等，让读者轻松上手Illustrator。

第1节 新建和保存文档

安装好Illustrator后，可以通过新建文档、保存文档、导出文档等基础操作来了解完成一项设计任务需要掌握的基本内容和参数设置。

知识点1 新建文档

常用的新建文档方式有两种。打开Illustrator，单击左侧的"新建"按钮，或执行"文件-新建"命令，都可以打开"新建文档"对话框，如图2-1所示。

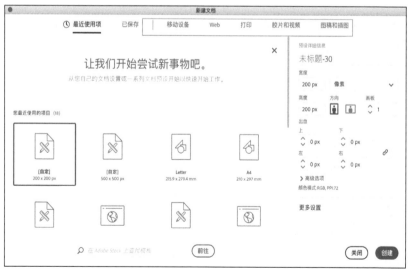

图2-1

在"新建文档"对话框中有5个文档预设选项卡，分别是"移动设备""Web""打印""胶片和视频""图稿和插图"。根据项目选择相应的选项卡，例如要设计banner，则可以选择"Web"，再根据需求修改相应的设置，其他选项保持默认设置即可。

1. 根据需求选择新建文档的类型

互联网项目，例如制作图标、App界面、专题页、活动页、详情页、banner和网页等可以选择"移动设备"或"Web"，其默认无出血设置，单位为像素、颜色模式为RGB、分辨率为72ppi。

视频项目可以选择"胶片和视频"，其默认无出血设置，单位为像素、颜色模式为RGB、分辨率为72ppi。

印刷项目，例如制作宣传单、图书封面和插图等可以选择"打印"或"图稿和插图"，其默认无出血设置，单位为毫米、颜色模式为CMYK、分辨率为300ppi。在制作印刷品时建议设置3mm的出血。

了解项目所对应的选项，可以准确地设置文档参数。

2. 确定文档类型，设置参数

下面将以数字媒体和印刷品为例讲解新建文档的参数设置。选择"移动设备"选项卡，对话框中会出现一系列常用的手机型号，只需选择相应的型号即可，如图2-2所示。选择"Web"选项卡，对话框中会显示常用的网页尺寸，根据需要选择相应的尺寸即可，非常方便。

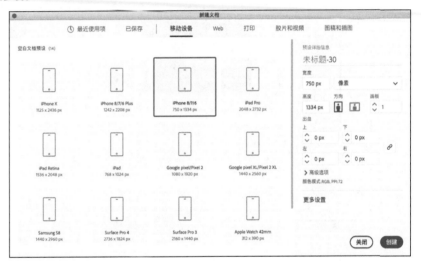

图2-2

"打印"选项卡中有常见的纸张类型，但这些纸张类型使用得很少，通常都需要根据客户的需求设置纸张的宽度和高度，另外还需要分别在上、下、左、右设置3mm的出血。印刷品的颜色模式为CMYK，分辨率通常为300ppi，如图2-3所示。

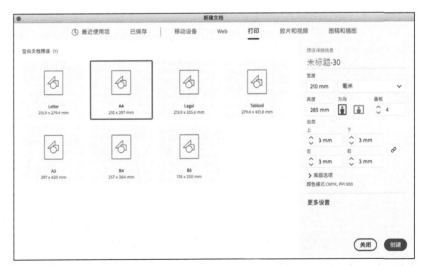

图2-3

设置完成后，单击"创建"按钮即可完成文档的创建。

提示 印刷品的出血是指在成品尺寸的四周再加上3mm～5mm的宽度，所以图案或颜色要延伸3mm～5mm的宽度，以避免印刷、裁切后的成品露白边或丢失内容。

新建文档时，要给文件设置好名称，便于日后寻找文件。

知识点2 文档设置

完成文档的创建以后，如果想增加画板，有两种方式。一是选择画板工具，在属性栏上单击"新建画板"按钮，即可创建相同尺寸的画板；二是打开"画板"面板，单击"新建画板"按钮，也可以创建相同尺寸的画板，如图2-4所示。

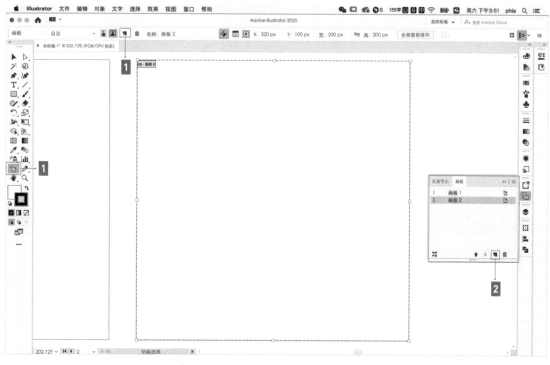

图2-4

1. 自定义画板尺寸

设计师在做设计项目时，通常需要在同一个地方保存所有相关的设计，便于相同元素快速应用在不同的设计中，例如品牌设计需要用Logo制作名片、信笺和宣传单等，这样就需要在一个文件中创建多个不同尺寸的画板。选择画板工具，在空白处按住鼠标左键不放进行拖曳就可以新建任意大小的画板框，保持画板框的选中状态，在属性栏中输入宽度和高度，就可以指定画板的尺寸，如图2-5所示。

提示 如果新建的画板太大，与旁边的画板重叠，可以用画板工具移动画板。

2. 重新排列画板

要将凌乱的画板排列整齐，可以选择画板工具，单击属性栏上的"全部重新排列"按钮，在弹出的对话框中选择排列方式，单击"确定"按钮即可将画板整齐排列，如图2-6所示。

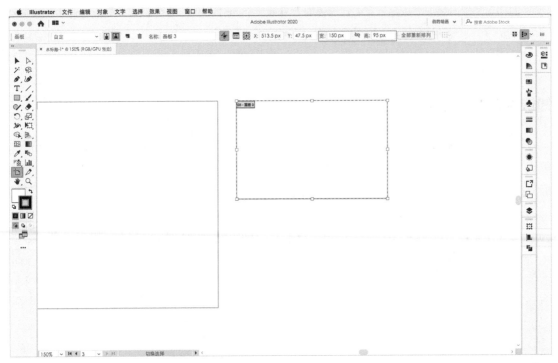

图2-5

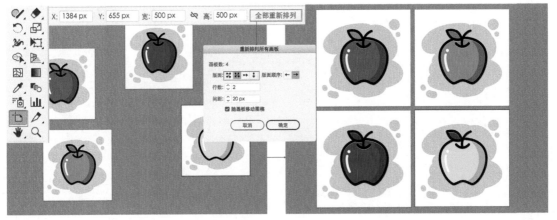

图2-6

提示 "重新排列所有画板"对话框中的"版面"有4种排列方式，分别是"按行设置网格""按列设置网格""按行排列""按列排列"，"行数"是画板排列的行数，"间距"是画板之间的距离。"随画板移动图稿"是指在移动画板的时候，画板上的内容也跟着移动，默认是勾选的状态。

3.调整画板顺序

如果需要调整画板的顺序，可以使用"画板"面板，单击面板中的"上移"按钮或"下移"按钮。选择画板工具，可以在画板的左上角查看画板的序号和名称，例如01-画板1，"01"是画板的序号，"画板1"是名称，如图2-7所示。

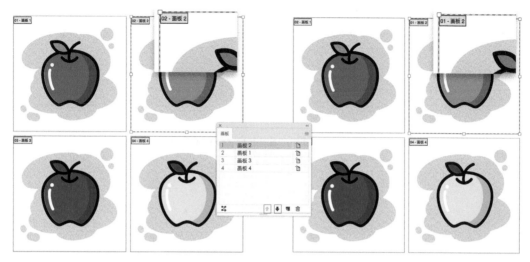

图2-7

知识点3 保存文档

在文档新建完成以后，可能会习惯性地继续往下操作，直至设计工作完成才想起来文件还没有保存。如果在用软件做设计期间发生意外状况，导致软件突然关闭，或是电脑停止运行，那就很有可能造成数据丢失，之前的工作就白做了。

虽然Illustrator有恢复功能，但不一定能恢复到最后一步操作。为了防止这样的意外发生，建议读者在新建文档以后执行"文件–存储"命令，或是按快捷键"Ctrl"+"S"保存文档。在操作的过程中也要时常保存文档，养成良好的工作习惯。

按快捷键"Ctrl"+"S"所保存的文档格式默认为.ai格式，用Illustrator打开该格式的文档可以继续进行编辑。

知识点4 导出文档

用Illustrator完成设计工作后，客户可能会要求设计师导出不同格式的文件以满足不同的需求。若要将完成的作品发布到网站上，也需要将文件导出。

常用的文件格式如下。

PNG：常用的网络图像存储格式，可以带透明背景。

JPEG：目前网络上最流行的图像格式，文件小、图像清晰。

PSD：Photoshop的专用格式，可以保留图层信息。

TIFF：能够保存高质量的图像，但文件大。

1.导出为

执行"文件–导出–导出为"命令，在弹出的对话框中为文件设置好名称，选择导出路径，在"格式"下拉列表中选择导出格式，单击"导出"按钮，即可导出文件。以导出PNG格式为例，单击"导出"按钮会弹出"PNG选项"对话框，若是发布到网站上可以选择的分辨率为屏幕（72ppi）或是中（150ppi），若是给客户看设计效果可以选择高（300ppi），如图2-8所示。

图2-8

若在文件中使用了多个画板，导出文件时这些画板会在同一页面上，如图2-9所示。如果在导出时勾选了"使用画板"选项，则以画板的形式将文件分别导出，如图2-10所示。选择"全部"单选项，则所有画板全部导出；选择"范围"单选项，可以指定导出的画板，但前提是需要记住每个画板的内容，避免导错。

图2-9   图2-10

2. 导出为多种屏幕所用格式

执行"文件–导出–导出为多种屏幕所用格式"命令，弹出"导出为多种屏幕所用格式"对话框，它的功能与"导出为"命令类似，也可以将画板全部导出或导出指定的画板。不同的是"导出为多种屏幕所用格式"可以将画板成倍地缩放导出，这个功能适用于互联网相关的设计工作，例如UI设计师设计一套App界面或图标，需要将它们在不同的移动设备屏幕上显示，这时就需要将界面或图标缩放导出以适应更大或更小的屏幕，如图2-11所示。

3. 导出为Web所用格式

执行"文件–导出–存储为Web所用格式（旧版）"命令，弹出"存储为Web所用格式"对话框，它是旧版本Illustrator用于导出网页所需文件的导出方式。网页所用图片通常会有文件大小的限制，该导出方式可以预览导出后的文件大小，如果文件大小超出网页限制，可以修改导出尺寸直到满足要求。设置完成后，单击"存储"按钮即可导出文件，如图2-12所示。该导出方式还可以导出GIF格式的图片。

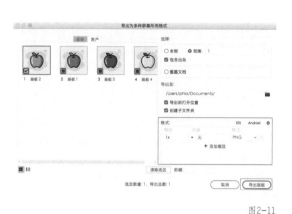

图2-11   图2-12

4.资源导出

资源导出主要用于导出文件中的单个元素。执行"窗口-资源导出"命令打开"资源导出"面板，将需要导出的元素拖入面板中。在"导出设置"下方的"缩放"下拉列表中选择导出的倍率，如果按原有大小导出则选择1x，在"格式"下拉列表中有4种格式，分别是PNG、JPEG、SVG、PDF，设置好以后，单击"导出"按钮，即可导出单个元素，如图2-13所示。

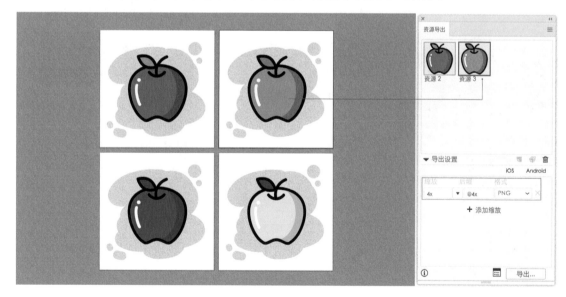

图2-13

总结一下Illustrator的导出方式，常用导出方式是"文件-导出-导出为"，该方式可以选择的格式比较多，如PNG、JPEG、TIFF、PSD等。如果对导出文件大小有限制，则使用"文件-导出-存储为Web所用格式（旧版）"命令，该导出方式可以导出GIF格式的图片。如果需要一稿适配多种屏幕，则使用"文件-导出-导出为多种屏幕所用格式"。如果需要导出单个元素，则使用"资源导出"面板。如果需要保存为PDF格式，则执行"文件-存储为"命令。

第2节 打开和查看文件

在Illustrator中打开文件可以对文件的内容进行再编辑。在设计过程中，需要放大看画面细节、缩小看画面整体，因此查看文件的操作也非常重要。本节将主要讲解打开和查看文件的操作，便于读者快速上手Illustrator。

知识点1 打开文件

在Illustrator中可以用多种方式来打开文件，也能打开多种类型的文件，下面将介绍常用的几种。

1. 打开文件的方式

打开Illustrator，在软件的初始界面左侧单击"打开"按钮，在弹出的"打开"对话框中选择要打开的文件，单击"打开"按钮即可，如图2-14所示。执行"文件－打开"命令也能打开文件。

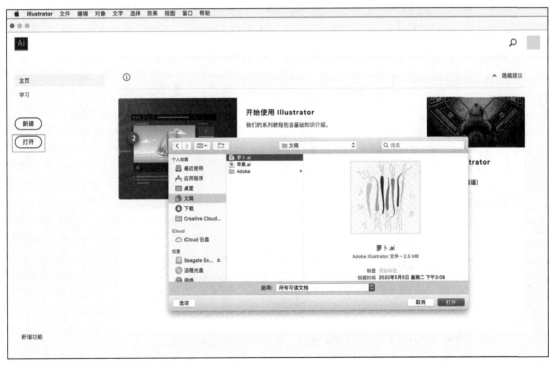

图2-14

还可以将文件拖曳至软件中打开，具体操作是：将选中的文件从文件夹中拖曳到Illustrator软件里，然后释放鼠标左键。注意，如果Illustrator软件已经打开了一个文件，又将另一个文件拖入其内，必须将文件拖至标题栏的位置再释放鼠标左键，如图2-15所示。如果拖曳时不小心在已经打开的文件中释放了鼠标左键，那么这个文件将会置入已经打开的文件中。如果发生误操作，可以按快捷键"Ctrl"＋"Z"撤销操作。

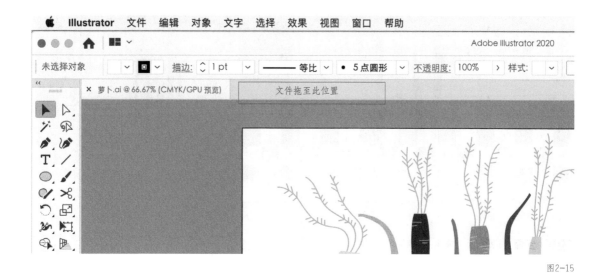

图2-15

2.打开文件的类型

下面介绍几种经常在Illustrator中打开的文件格式，如图2-16所示。.ai格式是Illustrator自带的源文件格式；EPS是跨平台的标准格式，有专用的打印机描述语言，可以描述矢量信息和位图信息；PDF是便携式文档格式，它真实地还原原稿，并将字体、图片、图形封装在一起。如果EPS格式和PDF格式的文件含有图形，用Illustrator打开这两类文件可以继续编辑。JPEG格式是人们日常接触得最多的图片格式，它在Illustrator中打开后只是一张图片，可以通过图像描摹功能将图片转换为矢量图形，这在后文中会详细讲解。

知识点2 缩放工具

使用工具箱中的缩放工具可以查看图形的细节，缩放工具的快捷键为"Z"。选择缩放工具后，在画布上单击想要放大的位置，或在想要放大的位置按住鼠标左键并向右拖曳，快捷键为"Ctrl"+"+"即可放大图形，如图2-17所示。缩小图形可以按住"Alt"键，当鼠标指针的加号变为减号时，单击画布即可缩小图形，也可以按住鼠标左键并向左拖曳，快捷键为"Ctrl"+"-"。

在图形放大的情况下，如果想要快速浏览全图，可以按快捷键"Ctrl"+"0"使图形适应屏幕大小显示，如图2-18所示。双击缩放工具可以以100%大小显示图形。

所有文档

✓ 所有可读文档

Adobe Illustrator (ai,ait)
Adobe PDF (pdf)
AutoCAD 交换文件 (dxf)
AutoCAD 绘图 (dwg)
BMP (BMP,RLE,DIB)
Computer Graphics Metafile (cgm)
CorelDRAW 5,6,7,8,9,10 (cdr)
GIF89a (gif)
Illustrator EPS (eps,epsf,ps)
JPEG (jpg,jpe,jpeg)
JPEG2000 (jpf,jpx,jp2,j2k,j2c,jpc)
Macintosh PICT (pic,pct)
Microsoft RTF (rtf)
Microsoft Word (doc)
Microsoft Word DOCX (docx)
PCX (PCX)
PNG (PNG,PNS)
Photoshop (psd,psb,pdd)
Pixar (PXR)
SVG (svg)
SVG 压缩 (svgz)
TIFF (tif,tiff)
Targa (TGA,VDA,ICB,VST)
Windows 图元文件 (wmf)
内嵌式 PostScript (eps,epsf,ps)
增强型图元文件 (emf)
文本 (txt)

图2-16

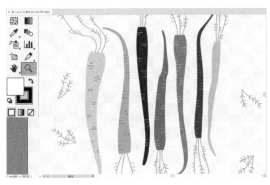

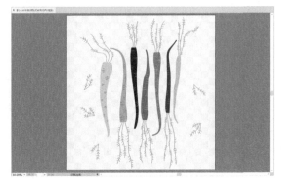

图2-17

图2-18

知识点3 抓手工具

图形放大后，如果想要看图形的其他区域，可以使用抓手工具，抓手工具的快捷键为"H"。在工具箱中选择抓手工具，在画板上按住鼠标左键拖曳，即可改变图形在屏幕上显示的位置。在使用其他工具的状态下，按住空格键可以快速切换到抓手工具。将缩放工具和抓手工具结合起来使用可以快速查看图形细节。

第3节 视图的设置

本节将讲解"视图"菜单中最常使用的命令：标尺、参考线和网格。

知识点1 标尺和参考线

标尺和参考线要搭配使用，有标尺才能拖出参考线。参考线的作用是辅助对齐对象。执行"视图-标尺-显示标尺"命令，即可在窗口中的左侧和上方显示标尺，快捷键为"Ctrl"+"R"，如图2-19所示。将鼠标指针放在标尺上，按住鼠标左键不放拖曳到画板上，即可拖曳出参考线，如图2-20所示。

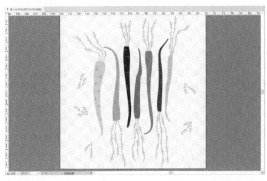

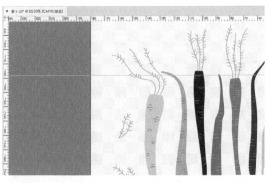

图2-19

图2-20

执行"视图-参考线-隐藏参考线"命令，可将画板上的参考线隐藏，快捷键为"Ctrl"+";"。

如果画板上的参考线过多，会影响观看画板效果，所以经常要在显示和隐藏参考线之间切换，熟记快捷键便于提高工作效率。如果想移动参考线，需要执行"视图-参考线-解锁参考线"命令，解锁参考线以后用选择工具选中参考线可以移动参考线的位置，也可以按"Delete"键删除。如果想把画板上的参考线全部删掉，可以执行"视图-参考线-清除参考线"命令。也可以将普通直线段、曲线或者图形转变为参考线：选中画好的圆，单击鼠标右键，在弹出的菜单中执行"建立参考线"命令，如图2-21所示。

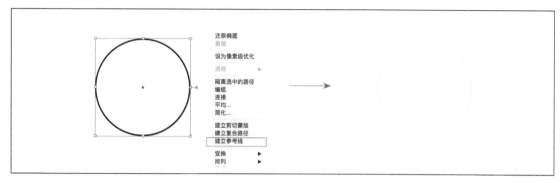

图2-21

用选择工具选择对象，按住鼠标左键不放进行拖曳，移动对象时所看到的参考线是智能参考线，可以方便对齐，如图2-22所示。如果在移动对象时没有出现智能参考线，可以执行"视图-智能参考线"命令。

知识点2 网格

互联网设计师设计的作品呈现的载体是屏幕，而屏幕是由像素格构成，并且还受到屏幕大小的限制。所以在绘制图标、界面时都需要精确到像素，才能确保作品清晰显示。网格的作用就是辅助设计师创作完美的像素作品。

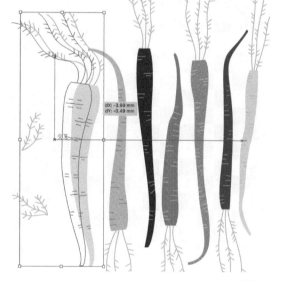

图2-22

执行"视图-显示网格"命令，即可显示网格，快捷键为"Ctrl"+""""。

1.对齐网格的使用

网格常会结合对齐网格来使用，执行"视图-对齐网格"命令即可开启对齐网格功能，这样图形在移动时会自动靠齐网格。因为像素格在占满一个方格时是清晰的，而当像素格占半个方格时会变透明，则在屏幕上看起来是模糊的，如图2-23所示，这就解释了为什么有些图形看起来不清晰。但有时需要关闭对齐网格功能，例如图形的宽度为15px，要与另一个图形居中对齐。对齐网格功能开启的时候，用选择工具移动该图形就会自动靠齐网格，没办法与另一个图形进行居中对齐，这时候需要关闭对齐网格功能。

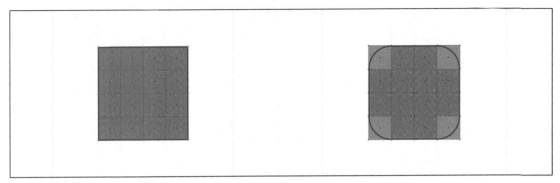

图2-23

2. 调整网格

每个项目需要创建不同大小的网格，网格大小取决于画板的尺寸，以及对放置元素精确度的要求。执行"编辑－首选项－参考线和网格"命令，在弹出的"首选项"对话框中设置网格线间隔和次分隔线的数值来调整网格的大小，如图2-24所示。例如，网格线间隔为72px，次分隔线为4，Illustrator将创建一个72px×72px的正方形，再进一步分为16个更小的正方形，每个小正方形的像素是18px×18px，即一个大方框里包含了横竖4个小方框，这样就为一组网格，如图2-25所示。

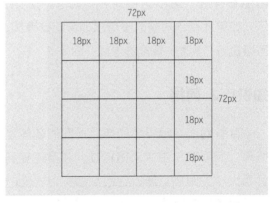

图2-24

图2-25

案例：使用网格快速设计原型

新建尺寸为800px×600px的文件，按快捷键"Ctrl"＋"K"，打开"首选项"对话框，选择"参考线和网格"，设置网格线间隔为40px，次分隔线为4。执行"视图－对齐网格"命令，使图形在绘制时自动靠齐网格。执行"视图－显示网格"命令，如图2-26所示。

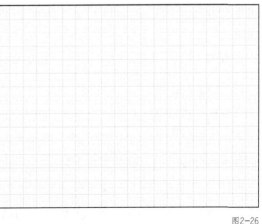

图2-26

用矩形工具按照图2-27所示绘制图形，所绘图形均沿着网格绘制。

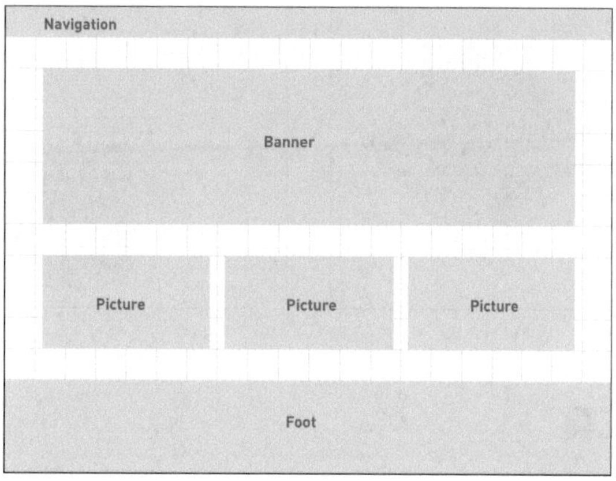

Navigation

Banner

Picture   Picture   Picture

Foot

图2-27

第4节 对象的基础操作

本节主要讲解如何选择单个或多个对象，以及如何选择对象的锚点和路径等基础操作。

知识点1 选择工具

选择工具可以选择完整的对象，然后将对象移动、旋转和缩放，其快捷键为"V"。

移动对象：在工具箱中选择选择工具，在对象上单击或框选，即可选中对象，被选中的对象四周会出现一个定界框，在对象上按住鼠标左键拖曳就可以移动对象，如图2-28所示。

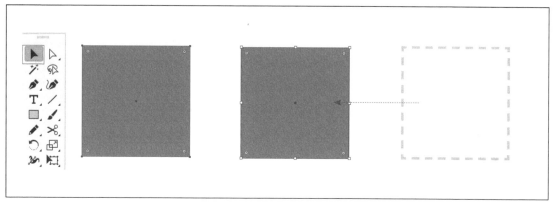

图2-28

旋转对象：用选择工具单击对象，将鼠标指针移到对象定界框右上角外变为旋转指针，则可以旋转对象，如图2-29所示。如果移动鼠标指针到另外3个角外，也可以旋转对象。在旋转时按住"Shift"键可以旋转45°。

缩放对象：用选择工具单击对象，将鼠标指针移到定界框的锚点上进行拖曳，向内拖曳则缩小对象，向外拖曳则放大对象，如图2-30所示。在拖曳时按住"Shift"键可以等比例缩放对象。

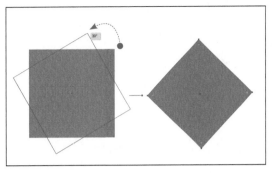

图2-29

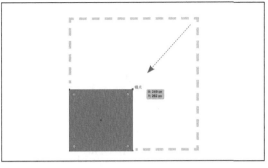

图2-30

知识点2 直接选择工具

直接选择工具也可以选择完整的对象，但更多地用它来选择锚点或路径，然后调整对象的形状，其快捷键为"A"。

全部选中对象： 在工具箱中选择直接选择工具，在对象上单击即可选择对象，被选中的对象四周会出现有实心方格的定界框，表示对象的锚点全部被选中，此时可以移动对象，如图2-31所示。

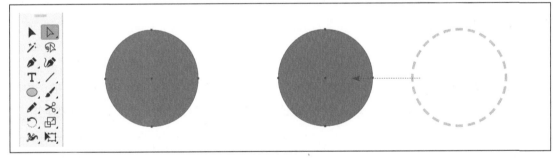

图2-31

选择锚点： 选择直接选择工具，将鼠标指针靠近锚点时，定界框上会出现空心方格，单击锚点，空心方格变为实心方格，表示该锚点为选中状态，拖曳鼠标可以改变形状，如图2-32所示。按住"Shift"键单击或框选锚点可以连续选中多个锚点。

选择路径： 用直接选择工具单击或框选路径，拖曳鼠标可以改变这段路径的形状，如图2-33所示。

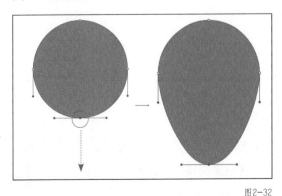

图2-32

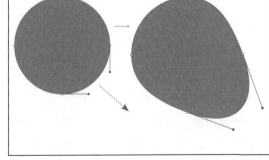

图2-33

知识点3 魔棒工具

Illustrator的新版本在选择对象上更方便，例如魔棒工具可以快速地选择具有相似属性的元素，并通过容差来控制选择范围。

画板上的所有对象都在同一图层上时，如图2-34所示，如果想选择背景上的浅绿色方格，按住"Shift"键用选择工具一个个单击会非常耗时，并且没办法选中萝卜下的方格，这时使用魔棒工具就会非常便捷。在工具箱中选择魔棒工具，单击其中一个浅绿色方格即可将对象全部选中，如图2-35所示。因此，要选择的对象具有相似的颜色、描边颜色、描边粗细、不透明度和混合模式时可以使用魔棒工具。

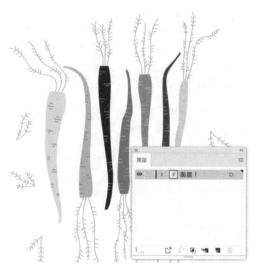

图2-34

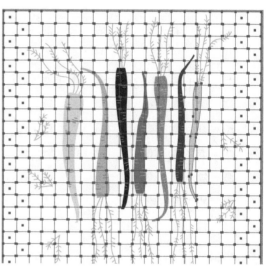

图2-35

执行"窗口-魔棒"命令或双击魔棒工具可以打开"魔棒"面板，如图2-36所示。降低容差参数可以只选择具有同样属性的对象，例如只有颜色一样才会被选中；提高容差参数，具有相似属性的对象都可以被选中。

图2-36

知识点4 套索工具

套索工具和直接选择工具类似，但比直接选择工具更自由，它可以随意地框选想要选中的锚点和路径。在工具箱中选择套索工具，按住鼠标左键框选想要选中的锚点即可，如图2-37所示。

图2-37

本课模拟题

1.单选题

假设工作需要分辨率为300ppi的图片来打印高品质图稿，你希望打印出来图片的尺寸为4英寸X6英寸，那么满足工作规范所需的最小尺寸是多少？（　　　）

A. 2000px×3000px　　　　　　　B. 1800px×2400px

C. 1500px×3000px　　　　　　　D. 4000px×3000px

参考答案

本题的正确答案为A。

2.单选题

在Illustrator中完成工作后需要保存时，想要在其他Adobe应用程序里使用，应该选择（　　　）。

A.使用字符百分比低于100%的字体包　　B.导出一个PDF文件

C.将每个画板保存为一个单独的文件　　D.保存为Illustrator 8版本文件

参考答案

本题的正确答案为B。

3.单选题

需要将文件设置成CMKY颜色模式的是（　　　）。

A.在黑白激光打印机上　　　　　B.在电视上

C.在彩色内页的书本上　　　　　D.在投影仪上

参考答案

本题的正确答案为C。

4.单选题

选择哪种文件格式可以导出一个通用兼容、保留更多颜色、无损压缩、带有透明背景的网站banner？（　　　）

A. PNG　　　　　　　　　　　　B. JPG

C. GIF　　　　　　　　　　　　D. SVG

参考答案

本题的正确答案为A。

5.单选题

可以快速将位图图像转换为矢量图形的是哪个面板？（　　）

A."图形样式"面板　　　　　　　　B."转换"面板

C."图像临摹"面板　　　　　　　　D."路径"面板

参考答案

本题的正确答案为C。

6.单选题

将一个Illustrator文件导入另一个Illustrator文件之前必须要做的操作是什么？（　　）

A.启用指向该文档的链接　　　　　B.转换文档中的图像为位图图像

C.禁用指向该文档的链接　　　　　D.用轮廓视图模式查看文档

参考答案

本题的正确答案为C。

作业：整齐的桌面

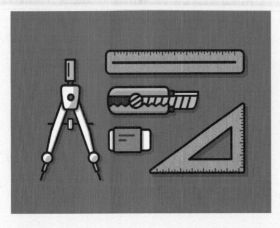

提供的素材

使用提供的素材，将素材中的文具排列组合
成整齐、有序的画面。

核心知识点 软件的基础操作和常用工具的
使用。

尺寸 自定。

颜色模式 RGB 模式。

作业要求

（1）创建一个新的文档，并将素材中的文具
置入新文档中。

（2）熟练应用选择工具和直接选择工具，将
文具排列成整齐的组合。

参考范例

第 **3** 课

图形

在图形创意、插画绘制、平面设计中，图形是不可缺少的重要元素。本课将主要讲解图形工具组中工具的使用、简单图形的绘制方法，以及填色和描边的基础知识，通过案例深入解析线性图标和面性图标的绘制流程，使读者掌握颜色的设置方法，以及对图形的后期处理。

第1节 图形工具组

图形工具组是Illustrator中最常用的工具之一，主要用于绘制图形，如UI图标、企业Logo等。使用图形工具组的工具可以直接绘制简单的图形，通过布尔运算将简单的图形进行组合，可以制作出各种复杂的图形或图标。

知识点1 图形工具组是什么

图3-1

图形工具组位于工具箱中，包括矩形工具、圆角矩形工具、椭圆工具、多边形工具、星形工具等，如图3-1所示。使用其绘制出的基础图形如图3-2所示。选择上述不同的图形工具按住"Shift"键可以绘制正方形、圆角正方形、圆、正多边形等，如图3-3所示。

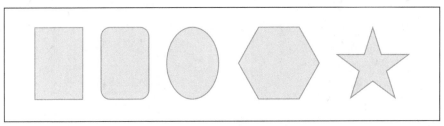

图3-2

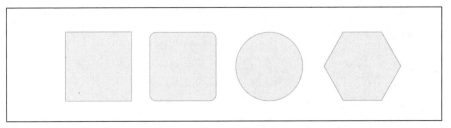

图3-3

知识点2 图形工具组的用法

想要组合基础图形得到复杂的图形，需要进行图形的布尔运算。图形的布尔运算是指将两种或两种以上的图形进行运算而得到新的图形，主要包括联集、交集、减去顶层、差集4种运算方式。

1. 布尔运算的4种方式

联集指的是两个图形重叠并相加，得到新的形状，如图3-4所示。

交集指的是两个图形相交，得到形状相交的区域，如图3-5所示。

减去顶层指的是两个图形重叠并减去顶层形状，得到除顶层外的区域，如图3-6所示。

差集指的是两个图形相交，得到两个图形相交部分以外的区域，如图3-7所示。

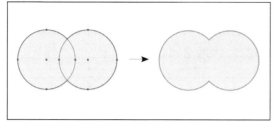

图3-4

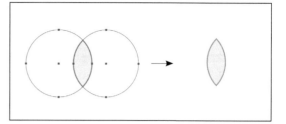

图3-5

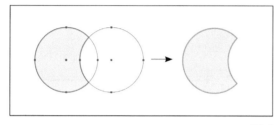

图3-6

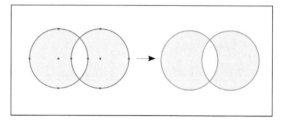

图3-7

2.布尔运算的操作

图形的布尔运算需要使用"路径查找器"面板，如图3-8所示。使用选择工具框选有重叠部分的目标图形后，单击"路径查找器"面板中"形状模式"下的任何按钮即可完成对应的布尔运算。注意，框选图形后，按住"Alt"键单击"联集""减去顶层""交集"或"差集"按钮还可以继续编辑图形，如果在编辑过程中不再需要对图形单独编辑，那执行"对象-扩展"命令可以合并形状。

图3-8

案例：**典型布尔运算**

下面通过4个复合图形来深入理解图形的布尔运算。

1.联集案例：心形

将一个正方形和两个圆进行联集运算可以得到一个心形，如图3-9所示。

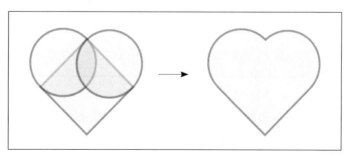

图3-9

　　首先，使用矩形工具和椭圆工具分别绘制一个正方形和一个圆，且圆的直径与正方形的边长要相等。移动圆，使圆的直径与正方形的一条边重叠，再复制一个圆到正方形的另一条边上，如图3-10所示。这里有个小技巧，按快捷键"Ctrl"+"Y"可以去掉图形的描边和填充的颜色，以轮廓显示，从而更好地将圆和正方形对齐，如图3-11所示。

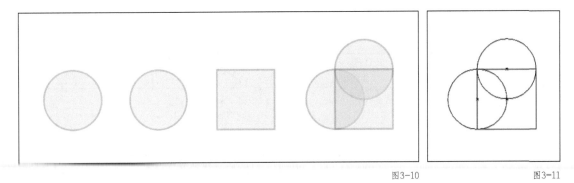

图3-10　　　　　　　　　　　　　　　　　　　　　　图3-11

　　使用选择工具框选所有图形，在"路径查找器"面板中单击"联集"按钮，然后将整个图形顺时针旋转45°即可完成心形的绘制，如图3-12所示。

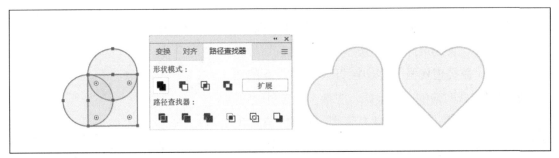

图3-12

2. 减去顶层案例：信息图形

　　将矩形和三角形进行联集运算，再将联集所得的图形与3个圆进行减去顶层运算可以得到一个信息图形，如图3-13所示。

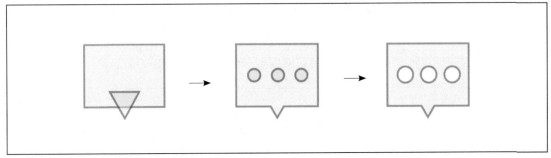

图3-13

　　首先，使用矩形工具和多边形工具分别绘制一个矩形和一个等边三角形，使三角形的一条边与矩形的底边平行，其中三角形位于矩形底边居中的位置并凸出一个小角。调整两个图形至合适的位置后将其进行联集运算，如图3-14所示。

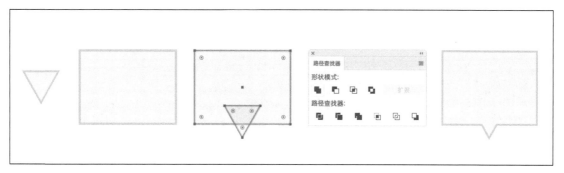

图3-14

最后，绘制3个圆，使其居中等距分布。使用选择工具框选所有图形，在"路径查找器"面板中单击"减去顶层"按钮，即可完成信息图形的绘制，如图3-15所示。

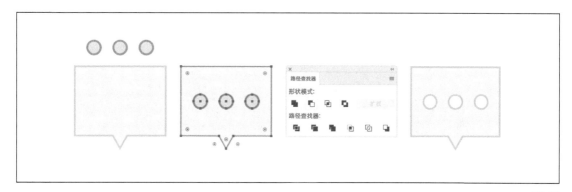

图3-15

3. 交集案例：信号图形

将正方形和圆进行多次交集运算可以得到一个Wi-Fi信号图形，如图3-16所示。

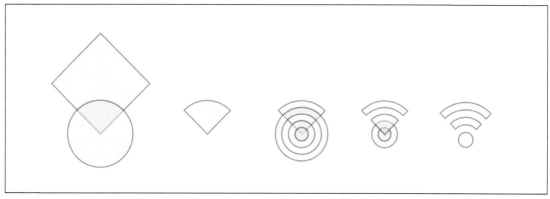

图3-16

首先，使用椭圆工具和矩形工具分别绘制一个圆和一个正方形，然后将正方形旋转45°，使正方形和圆垂直对齐，正方形的一个顶点和圆心重合。用选择工具选中正方形和圆，在路径查找器面板中单击"交集"按钮，得到一个扇形，如图3-17所示。

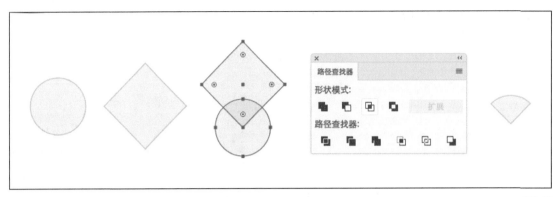

图3-17

用椭圆工具绘制4个同心圆，使用选择工具选中4个同心圆之后，在"路径查找器"面板中单击"交集"按钮，减去第二个圆，得到图3-18中第三个图形，将扇形和新得到的图形垂直对齐，且扇形放在底层，使扇形的顶端和圆心重合，如图3-18所示。

图3-18

选中扇形和最外层的圆环，在"路径查找器"面板中单击"减去顶层"按钮，得到图3-19中的第二个图形，单击被分割的扇形取消编组，然后选中小扇形图形和最外面的圆再重复一次减去顶层操作，得到最终的Wi-Fi信号图形，如图3-19所示。

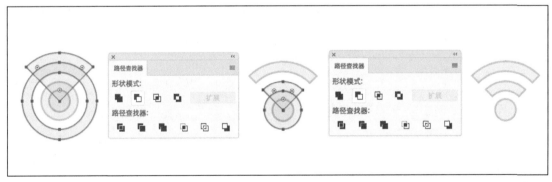

图3-19

4.差集案例：信封图形

将正方形和矩形进行差集运算可以得到一个信封图形，如图3-20所示。

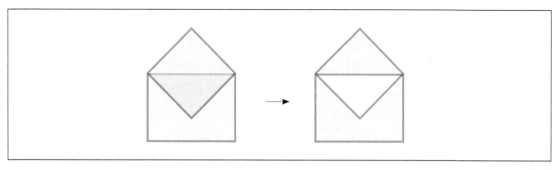

图3-20

首先使用矩形工具绘制一个正方形，并将正方形旋转为菱形。再使用矩形工具绘制一个矩形，使矩形的顶边与菱形的对角线重合。使用选择工具框选所有图形，在"路径查找器"面板中单击"差集"按钮，即可完成信封图形的绘制，如图3-21所示。

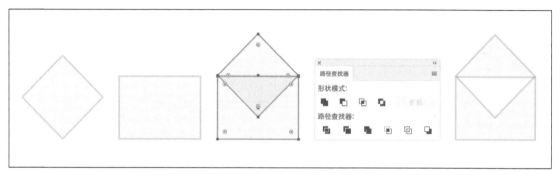

图3-21

第2节 填色和描边

不管是线性图标还是面性图标，为了使其更具美观性，我们需要对图标进行填色和描边处理。下面将详细讲解填色工具和描边工具的使用，通过线性图标案例和面性图标案例让读者熟练掌握填色和描边功能。

知识点1 填色和描边是什么

使用图形工具组绘制完图形后，通常接下来需要使用填色工具为图形填充颜色，或使用描边工具沿着图形外轮廓描绘线条。

知识点2 填色和描边的用法

填色和描边工具组位于工具箱的底部，如图3-22所示。默认情况下，填色为白色，描边为黑色。在填色和描边工具组中，位于上方的工具为当前操作对象，默认操作对象为填色工具。

选中图形后，双击填色工具或描边工具，在弹出的"拾色器"对话框中选择颜色即可修改图形的填充或描边颜色。单击"无"按钮可以去掉填充或描边的颜色。

使用选择工具、直接选择工具以及图形工具组时属性栏也会出现填色和描边选项，如图3-23所示。单击"填色"或"描边"的下拉按钮，在弹出的色板中选择颜色即可修改图形的填充或描边颜色，也可以新建色板来设置颜色。

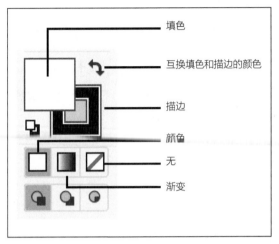

填色
互换填色和描边的颜色
描边
颜色
无
渐变

图3-22

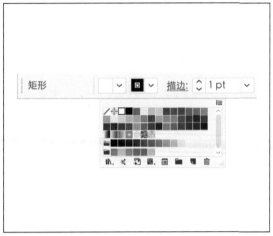

图3-23

知识点3 描边设置

执行"窗口-描边"命令，打开"描边"面板，如图3-24所示。在"描边"面板中可以对描边线条的粗细、端点、边角等进行设置。

1.粗细

"粗细"主要用于调节描边线条的粗细程度，数值越大，线条越粗，数值越小，线条越细。图3-25所示为不同粗细数值的描边效果。

2.端点

"端点"主要用于调节描边线条端点的形状，包括"平头端点""圆头端点""方头端点"3个选项，其中最常用的是"平头端点"和"圆头端点"。图3-26所示为选择"圆头端点"时的描边效果。

图3-24

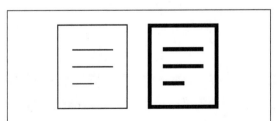

图3-25

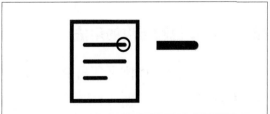

图3-26

3.边角

"边角"主要用于调节描边线条连接处的形状,包括"斜接连接(直角)""圆角连接(圆角)""斜角连接(斜角)"3个选项。图3-27所示为3个选项的描边效果。注意,"对齐描边"选择为"内侧对齐"时"边角"无法使用。

图3-27

4.对齐描边

"对齐描边"主要用于设置以图形框(蓝色参考线)为基准,使描边居中对齐、内侧对齐或外侧对齐,3种对齐方式的区别如图3-28所示。

图3-28

5.虚线

勾选"虚线"选项后可以将图形的轮廓线条设置为虚线。选中第一个虚线 按钮可以保留虚线和间隙的精确长度,效果如图3-29所示;选中第二个虚线 按钮可以使虚线和边角与路径终端对齐,并调整到合适的长度,效果如图3-30所示。

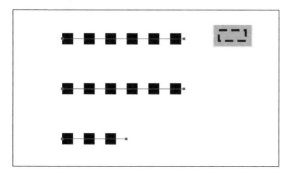

图3-29

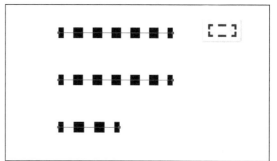

图3-30

6.箭头

"箭头"主要用于设置描边路径起点和终点处箭头的形状，设置效果如图3-31所示。

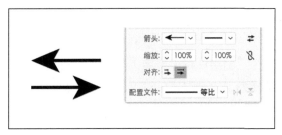

图3-31

拓展：直角变圆角

在图标的制作中，圆角图标占了很大的比例，因此需要掌握直角变圆角的方法。直角变圆角主要有使用圆角矩形工具绘制圆角矩形和将转换角点向内拖曳两种方式。

（1）使用圆角矩形工具绘制圆角矩形

用圆角矩形工具绘制圆角矩形，执行"窗口-属性"命令打开"属性"面板，单击上方的 ···· 按钮可以打开参数设置对话框，通过"边角类型"右侧的数值框精确调整圆角角度数值，如图3-32所示。

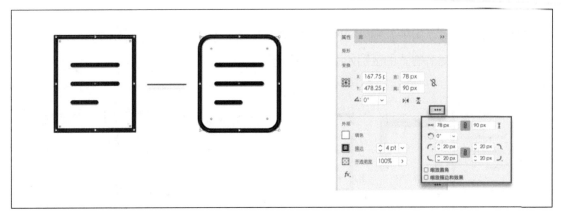

图3-32

（2）将转换角点向内拖曳

使用直接选择工具，框选任意一个端点，在矩形内部会出现 ◉ 符号，用直接选择工具向内拖曳该符号，直角就会变圆角，如果想精准调节圆角角度，执行"窗口-属性"命令打开"属性"面板，单击上方的 ···· 按钮可以打开参数设置对话框，通过"边角类型"右侧的数值框精确调整圆角角度数值，如图3-33所示。

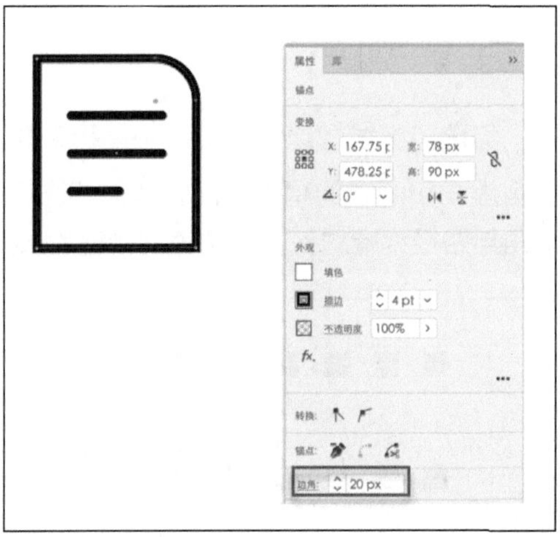

案例1：绘制线性图标

图3-33

图标设计样式有很多，主要分为线性图标和面性图标。线性图标是指通过线条的勾勒展现图形轮廓。以线条为主的图标类型，通过不同的角和线可分为直角线性图标、圆角线性图标和断线线性图标，如图3-34所示。

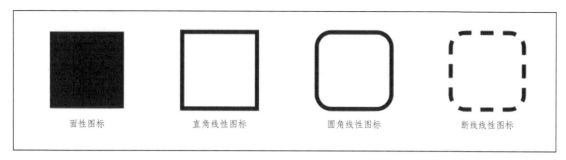

图3-34

下面通过3个案例分别讲解直角线性图标、圆角线性图标和断线线性图标的制作过程，如图3-35所示。

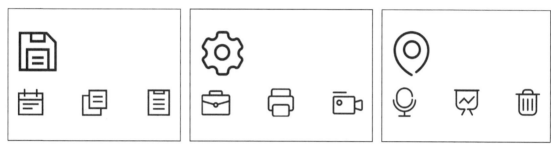

图3-35

1.直角线性图标

使用矩形工具和直线段工具绘制图3-36的第1个图形，并用添加锚点工具分别在矩形的右上角添加两个锚点。如果锚点的位置不好确定，可以绘制一个正方形作为参照物，就能确定两个锚点的位置，如图3-36的第2个图形所示。最后使用删除锚点工具，删除右上角的锚点，保存图标制作完成，如图3-36所示。

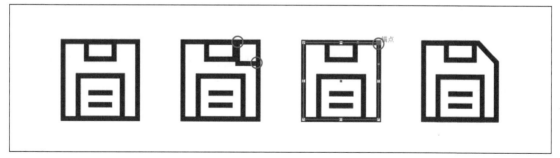

图3-36

2.圆角线性图标案例

用矩形工具绘制一个矩形，选择旋转工具，按住"Alt"键单击矩形的中心，在弹出的"旋转"对话框中将角度改为60°，单击"复制"按钮，按快捷键"Ctrl"＋"D"两次即可得到3个相交的矩形，用选择工具框选图形，单击"路径查找器"面板的"联集"按钮即可得到一个新的图形，如图3-37所示。

图3-37

用选择工具框选图形，如图3-38的第1个图形所示。使用直接选择工具将形状上的锚点向外拖曳，即可得到图标的外轮廓（图3-38的第3个图形），最后使用椭圆工具，按住"Shift"键在内部画出圆形，如图3-38所示。

图3-38

3. 断线线性图标

使用椭圆工具绘制一个圆形，用直接选择工具框选圆形，单击下方锚点并向下拖曳延长圆形底部，单击属性栏中的"将所选锚点转换为尖角"按钮。继续对图形做调整，分别选中图形左右两端的锚点并向下拖曳，增大图形的弧度，在调整的过程中可以使用参考线作为参考。使用添加锚点工具，在断线位置添加锚点。用直接选择工具选中需要删除的线段，按"Delete"键删除，得到定位图标的外轮廓。最后用椭圆工具画出圆形，定位图标就制作完成了，如图3-39所示。

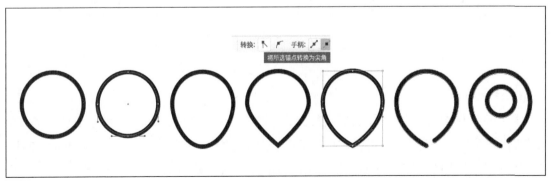

图3-39

案例2：绘制面性图标

面性图标是指对图形进行色彩填充的图标样式，如图3-40所示。

接下来讲解两个面性图标的制作案例，使读者深入了解面性图标的制作流程。

图3-40

1.照片库图标案例

用圆角矩形工具绘制一个圆角矩形，在"变换"面板中设置其圆角角度。用矩形工具绘制一个正方形，填充蓝色，使用删除锚点工具删除右下角锚点，使其变为三角形。将三角形顺时针旋转45°，用直接选择工具将三角形的尖角改为圆角，并复制一个三角形。然后在圆角矩形中组合，选中两个三角形，单击"路径查找器"面板的"联集"按钮。用直接选择工具将直角转换为圆角。选中矩形，按快捷键"Ctrl"+"C"复制图形，按快捷键"Ctrl"+"F"原位粘贴，用选择工具框选矩形和"山"形，单击"交集"按钮，最后使用椭圆工具绘制一个圆形，照片库图标绘制完成，如图3-41所示。

图3-41

2.收藏夹图标案例

用圆角矩形工具绘制一个圆角矩形，填充蓝色。接着绘制图标上半部分的小圆角矩形，将小圆角矩形逆时针旋转30°，放置在大圆角矩形上部，继续复制一个小圆角矩形。选中两个小圆角矩形，单击"分割"按钮，然后调整图形位置。单击"减去顶层"按钮将两个小矩形分割开。用椭圆工具绘制一个圆，使用直接选择工具框选圆的上半部分路径并删除，剩下半圆，在"描边"面板中，选择"圆头端点"类型，填充黄色，放在圆角矩形中，如图3-42所示。

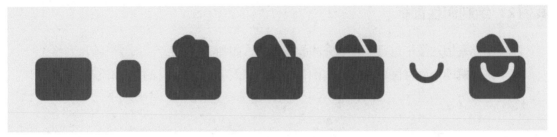

图3-42

第3节 颜色设置

为图标设置颜色，不仅能提升图标的精致程度，还能让图标更好地为界面做修饰，与界面色调保持一致，让界面元素更统一。上一节学习了图标的绘制方法，接下来详细讲解"色板""颜色""渐变"3个面板的使用方法，让读者掌握色彩的运用。

知识点1 色板

执行"窗口-色板"命令，打开"色板"面板，如图3-43所示。在"色板"面板中可以进行新建颜色、保存画板中的颜色和修改颜色等操作，接下来将详细介绍相关方法。

1.新建颜色

在"色板"面板中单击"新建色板"按钮，在弹出的"新建色板"对话框中，可以进行颜色模式、全局色等的设置，如图3-44所示。

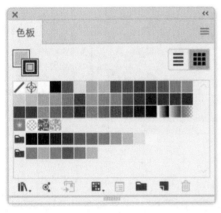

图3-43

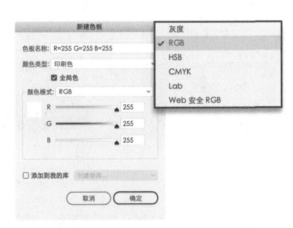

图3-44

（1）颜色模式

常用的颜色模式有RGB和CMYK，RGB模式是加色模式，越叠加越亮，通常在显示器上使用；CMYK模式则是减色模式，越叠加越暗，主要在印刷品中使用。

（2）全局色

在"色板"面板中，新建颜色时勾选"全局色"选项，当被设置了全局色的颜色有改动时，使用了该色板颜色的图形也会跟着改变颜色，如图3-45所示。

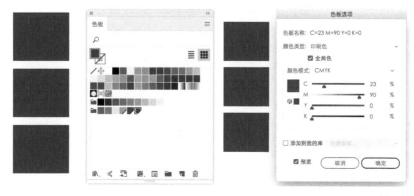

图3-45

除了在"色板"面板中可以新建色板，在"颜色"面板中也可以新建色板，执行"窗口－颜色"命令，在"颜色"面板中单击 ☰ 按钮，选择"创建新色板"，或者直接将颜色拖曳到"色板"面板中，都可以新建色板，如图3-46所示。

2.保存画板中的颜色

如果保存单一颜色，可以选中图形，单击"色板"面板的 ☰ 按钮，选择"新建色板"，或者将颜色拖曳到"色板"面板中。

图3-46

如果保存全部颜色，则全选图形，单击"色板"面板的 ☰ 按钮，选择"新建颜色组"即可。

3.修改颜色

在绘制图标的过程中，如果需要修改颜色，那有两种方法可以使用。

方法一：选中图形，在"颜色"面板中修改颜色。

方法二：如果图形中的颜色使用全局色，则在"色板"面板中找到该颜色并进行修改，图形将自动应用新的颜色；若不是全局色，则需要在"色板"面板中修改颜色后，再将颜色重新应用到图形上。

知识点2 配色方案

在进行图标配色时，可以参考Illustrator中自带的"色板库"和"颜色主题"的配色。下面简单介绍这两个面板。

1.色板库

单击"色板"面板的 ☰ 按钮，可以选择"打开色板库"。在色板库中有很多颜色和配色方案可供参考和使用，如图3-47所示。

2.颜色主题

执行"窗口－颜色主题"命令，选择"Explore"选项卡，可以打开更多配色方案，并且可以将选中的配色方案添加到色板中，如图3-48所示。

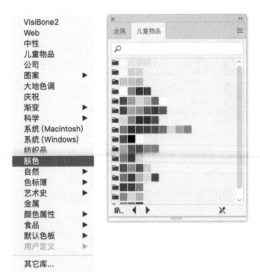
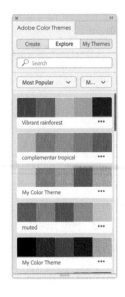
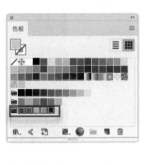

图3-47   图3-48

知识点3 重新着色图稿

执行"重新着色图稿"命令可以快速改变图形的配色，查看不同的配色效果。全选图形后，执行"编辑－编辑颜色－重新着色图稿"命令，或者在属性栏上单击"重新着色图稿"按钮，即可打开"重新着色图稿"对话框。对话框中的常用参数的含义及功能如图3-49所示。

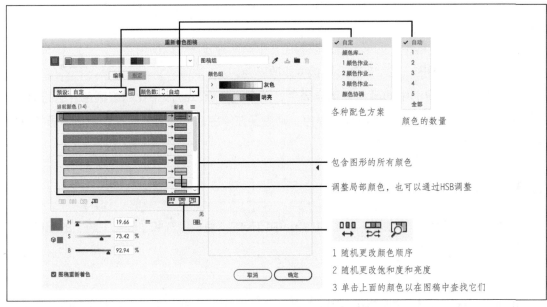

图3-49

其中颜色数选项主要用于设置图像中最明显的颜色数量。以图3-50为例，其最明显的颜色有5种，所以下拉列表中有1~5共5个数字可供选择。选择"1"，图形将变为黑白配色，如图3-51所示；选择"2"，图形将变为双色配色，如图3-52所示。

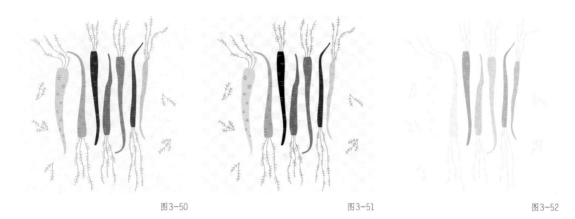

图3-50   图3-51   图3-52

在"重新着色图稿"对话框中的"编辑"选项卡中，色轮中的小圆所在位置是图形中所使用的颜色，拖曳小圆可以直接改变图形对应的颜色，如图3-53所示。

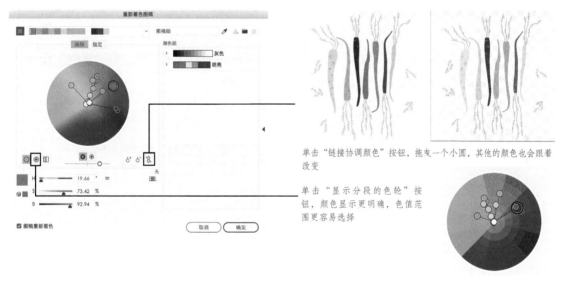

单击"链接协调颜色"按钮，拖曳一个小圆，其他的颜色也会跟着改变

单击"显示分段的色轮"按钮，颜色显示更明确，色值范围更容易选择

图3-53

知识点4 渐变

渐变色被运用在各个领域，如UI设计、品牌Logo设计、海报设计、插画设计、字体设计等，如图3-54所示。渐变色是将两个或多个不同的颜色填充在一个元素上，这些颜色之间淡入或淡出，过渡微妙细腻。

在Illustrator中可以使用"渐变"面板和"色板"面板中的默认渐变来设置渐变色，下面详细介绍"渐变"面板中的工具。

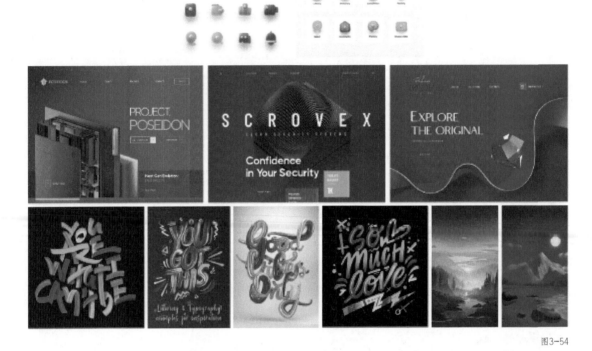

图3-54

选中图形，单击"渐变"面板的渐变图标，图形就被填充了渐变色。在"渐变"面板中可以对类型、角度、渐变滑块等进行设置，如图3-55所示。

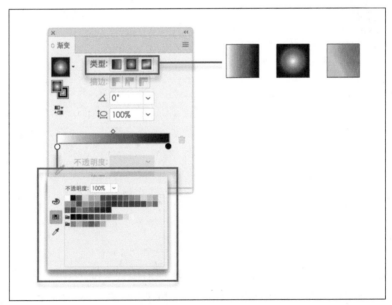

图3-55

类型： 渐变的类型有3种，分别为线性渐变、径向渐变、任意形状渐变。

角度： 在角度选项中输入任一角度，可以改变渐变方向。

渐变滑块： 双击滑块，会出现颜色、色板、拾色器，可以修改渐变色。

描边也可以应用渐变。选中图形的描边，打开"渐变"面板，可以看到描边渐变有"在描边中应用渐变""沿描边应用渐变""跨描边应用渐变"3种类型，可根据设计需求选取不同的渐变描边效果，如图3-56所示。

保存渐变色的方法是：将"渐变"面板的图标直接拖曳到"色板"面板中，如图3-57所示。

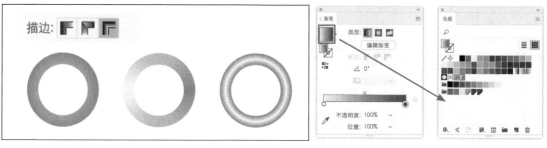

图3-56　　　　　　　　　　　　　　　　　　　　　　图3-57

案例：渐变色的使用

下面通过线性渐变案例和任意形状渐变案例来详细介绍渐变色的使用方法。

1.线性渐变案例

将提供的圆形图标由实色改为渐变色。选中圆形图标的底部图层，单击"渐变"面板的渐变图标，应用渐变色，渐变类型选择"线性渐变"。然后双击滑块进行配色，颜色效果由浅至深，两色差距不要太大，细微变化即可，这样渐变色看起来比较自然。深色在浅色的基础上调整HSB模式的明度，可以使颜色明亮、轻快，避免深色显脏。使用"渐变工具"在圆形图标上由左上角拖曳至右下角，改变渐变方向，如图3-58所示。最后可以将设置好的颜色方案在色板中保存。

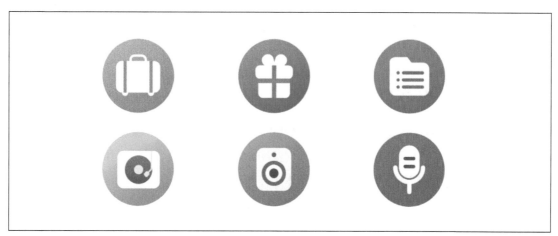

图3-58

2.任意形状渐变案例

选中图形，在"渐变"面板中单击"任意形状渐变"按钮，会出现几个默认的虚线圈，拖曳虚线圈可以调整渐变范围，移动色标可以改变渐变位置，将色标拖到图形外可删除色标，单击色标可以分别对每个位置的颜色进行修改。使用面板上的拾色器可以为色标吸取颜色，按"Esc"键退出后，才可以添加色标。在空白区域单击即可添加色标，双击"渐变"面板中的色标可以更改颜色设置，如图3-59所示。

图3-59

第4节 效果

为了让图标更引人注意，除了基本的造型、配色外，还需要精美的质感，具有强烈质感的图标可以为设计增添亮点，给浏览者留下深刻的印象。可以通过Illustrator和Photoshop为图标做效果，增加图标的立体感或质感。

知识点1 Illustrator效果

Illustrator效果基于矢量对象。选中绘制好的图标，打开"效果"菜单可以看到一系列的Illustrator效果选项，常用的效果主要有3D、变形、风格化等，如图3-60所示。

图3-61中的图标应用了投影效果，具体操作步骤是，先选中设计好的图形，执行"效果－风格化－投影"命令，打开"投影"面板，模式设为正片叠底，保持X位移不变，Y位移数值增大，将投影调整到合适的位置，这样呈现的投影是在图标的正下方，图标会产生一种悬浮感；然后将投影的不透明度设置在30％左右，投影的颜色不能使用黑色或者灰色，应根据每个图标的颜色选择比图标颜色饱和度更高、明度更低的颜色，这样投影的颜色会更加干净通透。

高斯模糊... ⌥⇧⌘E

文档栅格效果设置...

Illustrator 效果
3D ▶
SVG 滤镜 ▶
变形 ▶
扭曲和变换 ▶
栅格化...
裁剪标记
路径 ▶
路径查找器 ▶
转换为形状 ▶
风格化 ▶

图3-60

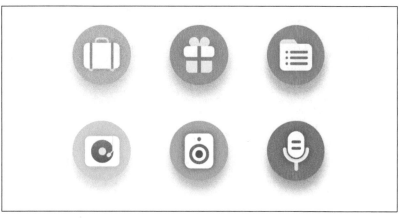

图3-61

知识点2 Photoshop 效果

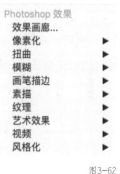

Photoshop 效果

效果画廊...
像素化 ▶
扭曲 ▶
模糊 ▶
画笔描边 ▶
素描 ▶
纹理 ▶
艺术效果 ▶
视频 ▶
风格化 ▶

图3-62

Photoshop效果基于像素，将矢量对象通过像素化呈现效果。同样打开"效果"菜单，可以看到一系列的Photoshop效果选项，常用的效果是模糊，如图3-62所示。

图3-63中的海报主要应用了高斯模糊效果，具体操作步骤是，先选中需要模糊的图形，执行"效果－模糊－高斯模糊"命令；然后根据视觉效果调节半径大小，半径越大模糊范围越大，半径越小模糊范围越小。

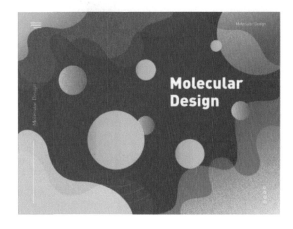
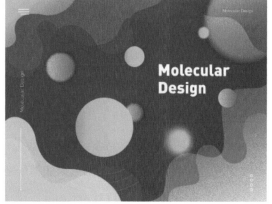

图3-63

知识点3 扭曲和变换

"效果"菜单中的"扭曲"和"变换"子菜单中的命令主要用于在不改变图形的基本形状的情况下，改变图形的外观，使用这些命令可以方便快捷地做出各种装饰图形，如图3-64所示。

执行"变换"命令，打开"变换效果"对话框，调节其中的参数可以改变图形的大小、位置、旋转、复制、镜像等，从而改变对象，变换的图形效果如图3-65所示。

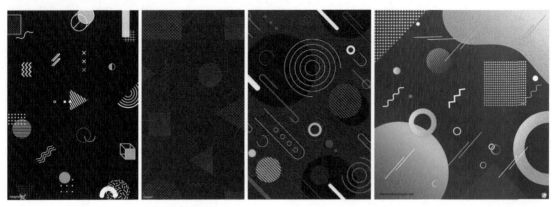

图3-64

执行"扭拧"命令，打开"扭拧"对话框，调节其中的参数可以随机地向内或向外扭曲路径，效果如图3-66所示。"扭拧"命令配合混合工具使用的效果更佳。

执行"扭转"命令，打开"扭转"对话框，调节其中的参数可以制作旋转扭曲的效果，图形中心的旋转程度会比边缘大，效果如图3-67所示。

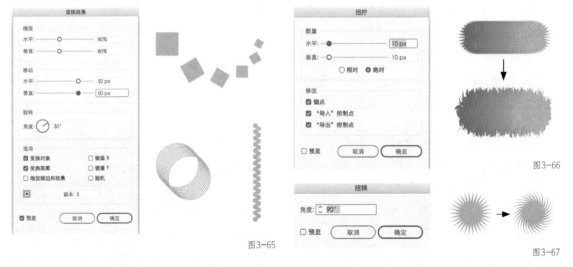

图3-65

图3-66

图3-67

执行"收缩和膨胀"命令，打开"收缩和膨胀"对话框，调节其中的参数可以将图形向内收缩或向外膨胀，膨胀的图形效果如图3-68所示。

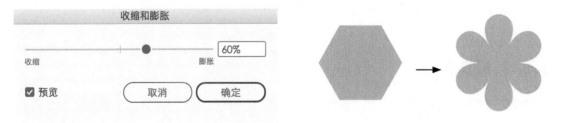

图3-68

执行"粗糙化"命令，打开"粗糙化"对话框，调节其中的参数可以将对象的路径段变为各种尖锐的点，制作效果如图3-69所示。

执行"波纹效果"命令，打开"波纹效果"对话框，调节其中的参数可以将路径段变为同样大小的锯齿或波形，效果如图3-70所示。

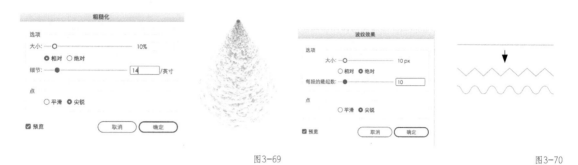

图3-69   图3-70

执行"自由扭曲"命令，打开"自由扭曲"对话框，可以拖曳对象的角点来改变对象的形状，如拖曳五角星的角点就能得到图3-71所示的效果。

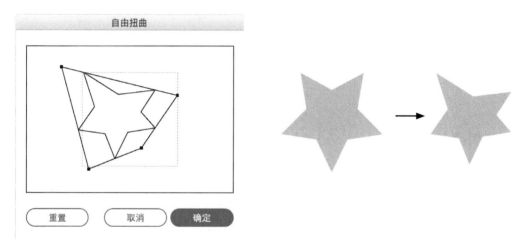

图3-71

知识点4 变形

"效果"菜单中的"变形"子菜单中的命令主要用于对图形做特定形状的变形，变形的形状包括弧形、拱形、凸出、鱼眼等，如图3-72所示。制作文字变形效果时可以执行这些命令，变形效果如图3-73所示。

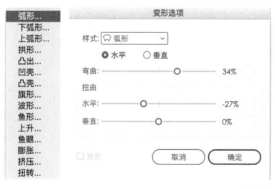

图3-72

图3-73

知识点5 涂抹

"效果"菜单中的"涂抹"命令主要用于将图形对象转换为类似手绘的笔刷效果，如将文字制作成粉笔字效果，如图3-74所示。

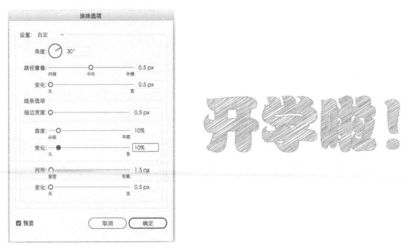

图3-74

第5节 外观

在Illustrator中，使用"外观"面板可以修改对象的效果，可以在同一形状中使用多个描边和填充，还可以改变效果的排列顺序。

知识点1 调整效果

在"外观"面板上双击效果后方的效果图标，打开对应的效果对话框，即可在其中调节效果的参数。单击面板左下方的效果按钮，即可为选中的对象添加新的效果。可以在改变图形的外观的同时不改变图形的基本形状。例如双击图3-75中"投影"后方的效果图标，即可打开"投影"对话框，调节投影的效果。

图3-75

知识点2 填色

在"外观"面板中，单击左下角的"添加新填色"按钮可以添加新的填色，单击"填色颜色"按钮，可以在色板中修改填色颜色，例如添加渐变色，可以在"属性"面板设置渐变的类型和编辑渐变，如图3-76所示。

图3-76

提示 如果是编组或应用了图形样式的形状，需要取消这些属性，才能正常使用外观中的填色或描边功能。

知识点3 多重描边

在"外观"面板中，单击左下角的"添加新描边"按钮可以添加新的描边。单击描边颜色，可以在色板中修改描边颜色，还可以为描边继续添加效果。再次单击"添加新描边"按钮，可以为对象添加多个描边，如图3-77所示。

图3-77

本课模拟题

单选题

可以显示黑色的RGB数值是（　　　　）。

A. R=255 G=255 B=255　　　　　　B. R=0 G=0 B=0

C. R=100 G=100 B=100　　　　　　D. R=90 G=90 B=90

参考答案

本题的正确答案为B。

作业：网页常用图标

绘制30个互联网常用图标，分别是个人中心、收藏、分享、删除、观看、点赞、评论、消息、语音、拍照、图片、设置、时间、标签、音量、购物车、分类、播放、暂停、快进、快退、钱包、发现、搜索、编辑、客服、账号、密码、关注、热门。

核心知识点 图形工具、描边、颜色填充

尺寸 800px×800px。

颜色模式 RGB模式。

分辨率 720pi。

作业要求

（1）可以绘制线性图标或者面性图标。

（2）图标风格要统一。

（3）可按照参考范例的风格进行绘制或加以调整。

参考范例

第 **4** 课

绘画工具

本课主要讲解使用Illustrator绘制图案、插画时常用
的工具，如钢笔工具、铅笔工具和画笔工具等，以及
不同工具的使用技巧。在讲解每种绘画工具时，还将
通过实用的案例让读者轻松掌握工具的运用。

第1节 钢笔工具和曲率工具

钢笔工具是Illustrator中最常用的绘图工具之一，主要用于绘制自由路径。曲率工具是钢笔工具的简化版，在绘制曲线时更容易上手，在各种情况下都能绘制出漂亮、平滑的曲线，因此在对钢笔工具的操作不熟练时，可以先使用曲率工具。本节将详细讲解钢笔工具的使用方法，曲率工具则直接通过案例简单讲解。

知识点1 钢笔工具是什么

钢笔工具的作用是绘制自由路径，它的位置在工具箱中，图标是一个钢笔笔尖 ✎。单击钢笔工具图标或按快捷键"P"可以调出钢笔工具，长按鼠标左键可以展开钢笔工具组。该工具组中最常用的是钢笔工具和添加锚点工具。

知识点2 钢笔工具的用法

下面讲解钢笔工具的5种常见用法——绘制直线段、绘制闭合路径、绘制曲线、绘制连续的拱形、绘制直线段和曲线相结合的线段，并介绍直线段和曲线的绘制要点。

1.绘制直线段

选择工具箱中的钢笔工具，单击创建锚点，绘制时按住"Shift"键创建水平或垂直直线段，如图4-1所示，按"Esc"键即可退出钢笔工具的操作。

图4-1

2.绘制闭合路径

在绘制了3条直线段后，将鼠标指针靠近起始锚点，当鼠标指针旁出现一个小圆圈时，单击起始锚点即可闭合路径，如图4-2所示。

图4-2

3.绘制曲线

单击创建锚点时，按住鼠标左键向下拖曳拉出控制线，使用同样的操作创建第二个锚点和第三个锚点。

将第一个锚点向下拖曳，将第二个锚点向上拖曳，依此类推，即可创建S形曲线，如图4-3所示。

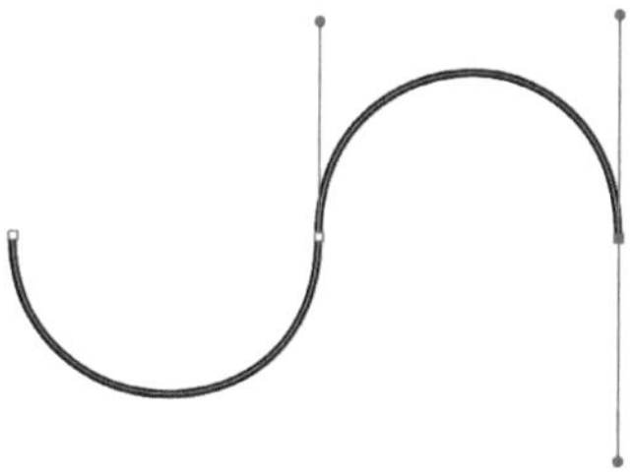

图4-3

4.绘制连续的拱形

单击并向上拖曳绘制第一个锚点，单击并向下拖曳绘制第二个锚点，按住"Alt"键，变为锚点工具，将下方的控制线拖曳至上方，即可创建一个拱形，按照此方法绘制下一个拱形，如图4-4所示。

5.绘制直线段和曲线相结合的线段

先绘制一条曲线，按住"Alt"键单击第二个锚点，取消一条控制线，单击创建第三个锚点，则得到一段直线段。按住"Alt"键，在第三个锚点上拖曳出控制线，即可继续绘制曲线，如图4-5所示。

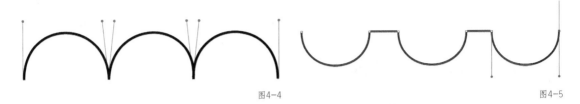

图4-4   图4-5

提示 没有控制线的锚点是直线段，有控制线的锚点是曲线。

创建锚点时，单击并拖曳鼠标即可拉出控制线，在原有锚点的基础上，按住"Alt"键即可拉出控制线。

案例1：用钢笔工具勾勒线稿

使用钢笔工具勾勒一个线稿，进一步熟悉Illustrator中的钢笔工具的使用技巧。案例的最终效果如图4-6所示。

1.嵌入图片

新建一个大小为800px×600px的文件。把线稿拖曳到文件当中，按快捷键"Ctrl"+"-"缩小画布，按"Shift"键等比例缩小图片，将图片放到画布中央。缩小图片以后单击属性栏的"嵌入"按钮，把图片嵌入文件当中，如图4-7所示。

2.描边

锁定线稿图层，新建一个图层，在新建的图层上使用钢笔工具进行勾勒。沿着线稿绘制时，锚点越少，路径越平滑。当绘制对称的部分时，如耳朵、龙角等，可使用选择工具选中绘制好的一侧，按住"Alt"键拖曳复制，在"属性"面板中执行"水平翻转"命令，调整到另一侧合适的位置，使两边对称。可以使用椭圆工具绘制眼睛，使用圆角矩形工具绘制盘扣。效果如图4-8所示。

图4-6   图4-7   图4-8

提示 在绘制曲线的过程中，单击第一个锚点时就要拖曳出控制线，这样在单击第二个锚点时，才能绘制出曲线。如果绘制的不是闭合曲线，按"Esc"键退出绘制，按住"Ctrl"键单击画布空白处，可以取消当前路径的选中状态，继续其他路径的绘制。当绘制的路径靠近别的路径时，鼠标指针会出现一个小加号，此时所选工具自动变为添加锚点工具，为了避免增加锚点，可以在离路径较远的地方单击，之后再用直接选择工具调整锚点位置。

3. 调整线条细节

使用选择工具框选整个图形，设置描边为3pt，打开"描边"面板，将端点类型设置为圆头端点。使用直接选择工具选中锚点，改变锚点位置或拖曳控制线，调整路径或曲线，让曲线看起来更加自然。使用钢笔工具在袖子的位置画出褶皱，设置描边粗细为1pt，效果如图4-9所示。

4. 去掉多余线条

使用选择工具框选整个图形，拖曳到画面空白处，在工具箱中选择形状生成器工具，按住"Alt"键，鼠标指针变为减号，单击需要去掉的路径即可。去掉多余路径时，注意单击的是路径，不是锚点。最终效果如图4-6所示。

图4-9

案例2：用曲率工具勾勒线稿

曲率工具的使用方法有两种：一种是沿着轮廓单击，在单击第三个锚点时，路径自动变为曲线状；另一种是按住"Alt"键沿轮廓单击锚点，直至闭合路径，然后在两个锚点的中间单击添加锚点并拖曳，即可呈现曲线。使用曲率工具勾勒一个线稿，进一步熟悉Illustrator中的曲率工具的使用技巧。案例的最终效果如图4-10所示。

1. 嵌入图片

新建一个大小为800px×600px的文件。把线稿拖曳到文件当中，按快捷键"Ctrl"+"-"缩小画布，按"Shift"键等比例缩小图片，将图片放到画布中央。缩小图片以后单击属性栏的"嵌入"按钮，把图片嵌入文件当中，如图4-11所示。

2. 描边

锁定线稿图层，新建一个图层，选择曲率工具，设置填色为无，描边为黑色，在新建图层上进行勾勒。在曲线需要闭合时，按住"Alt"键可将曲线闭合。在绘制拱形时，可在需要转折时按"Alt"键，对当前的锚点取消方向线后，再单击下一个锚点进行绘制。睫毛的部分可以绘制一根睫毛后复制多个，再调整角度。腮红部分可以用椭圆工具进行绘制。效果如图4-12所示。

图4-10　　　　　　　　　图4-11　　　　　　　　　图4-12

提示　当曲线不是想要的效果时，可以按住鼠标左键，对曲线进行调整。

3.调整线条细节

　　使用选择工具框选整个图形，设置描边为3pt，打开"描边"面板，将端点类型设置为圆头端点。使用直接选择工具选中锚点，改变锚点位置或拖曳控制线，调整路径或曲线，让曲线看起来更加自然。选中睫毛，设置描边粗细为1pt，效果如图4-13所示。

4.去掉多余线条

　　在工具箱中选择形状生成器工具，去掉多余的路径即可。使用直接选择工具，选中需要调整位置的锚点，拖曳锚点进行调整。最终效果如图4-10所示。

图4-13

第2节　铅笔工具和画笔工具

　　铅笔工具和画笔工具也是使用Illustrator绘图时必不可少的工具。本节将通过简单的案例讲解Illustrator中铅笔工具和画笔工具的使用方法。

知识点1　铅笔工具和画笔工具的作用

　　铅笔工具和画笔工具的作用都是绘制自由路径，它们的位置在工具箱中，图标分别是铅笔图标 🖊.和画笔图标 🖊.。单击它们的图标或按快捷键可以调出对应的工具，铅笔工具的快捷键是"N"，画笔工具的快捷键是"B"。铅笔工具和画笔工具都能自由地绘制路径，区别在于画笔工具能使用笔刷画出不同的笔触效果。这两个工具配合数位板使用，绘制线条时会更流畅。

知识点 2 铅笔工具和画笔工具的用法

使用工具箱中的铅笔工具或画笔工具，直接在画板上拖曳鼠标就可以绘制出路径了。铅笔工具在按住"Alt"键进行拖曳绘制的时候可以暂时切换到直线状态，画笔工具在按住"Shift"键进行拖曳绘制时可以暂时切换到直线状态。

双击铅笔工具或者是画笔工具都可以打开它们的工具属性对话框，如图4-14所示。通常不需要改变"铅笔工具选项"对话框中的参数，让它保持默认设置就行。

图4-14

"保持选定"的作用是勾选以后可以沿着上一条线继续绘制，在靠近上条线末尾的地方继续拖曳鼠标即可。

"编辑所选路径"的作用是勾选以后可以优化路径上的锚点，重塑线条。

提示 "铅笔工具选项"对话框中的"Option键切换到平滑工具"在Windows系统中应该为"Alt键切换到平滑工具"，勾选这个选项，按住"Alt"键可以优化路径。

执行"对象-路径-简化"命令也可以优化线条，在弹出的对话框中调整滑块的大小，就可以改变线条的流畅度。

案例：简笔画

由于铅笔工具和画笔工具的操作是一样的，下面我们以画笔工具为例，通过一个简笔画的绘制，进一步熟悉 Illustrator 中的画笔工具的使用技巧。案例的最终效果如图4-15所示。

1. 描边

新建一个大小为800px×600px的文件。将图4-16拖曳到文件中，按快捷键"Ctrl"+"-"缩小画布，按"Shift"键等比例缩小图片。将图片放到画布中央，嵌入图片，在"属性"面板上将不透明度调整为40%~50%。锁定图片图层，新建一个图层，选择画笔工具，设置填色为无，描边为黑色，在新建的图层上沿着咖啡杯的边缘进行勾勒。勾勒时不必完全和图片一致，随性一些手绘感更强。

图4-15   图4-16

提示 交接处尽量让线条超出一些，后续可以用其他工具擦除超出部分，避免线条不闭合。

2.去掉多余线头

框选整个图形，使用工具栏中的形状生成工具，去掉多余的线段。效果如图4-17所示。

3.绘制阴影

继续使用画笔工具，在图形上绘制不连贯的短线来表示阴影。效果如图4-18所示。

4.调整线条粗细

用选择工具框选所有图形，按住"Alt"键进行拖曳复制，将图形放到画布外，然后使用实时上色工具进行颜色填充，将图形填充为白色。填充完成后，使用选择工具，执行"对象-扩展"命令，将咖啡杯扩展成普通的图形。然后复制图形，并执行"编辑-贴在前面"命令，进行原位粘贴，这样就得到两个图形。使用形状生成工具，将咖啡杯的外轮廓进行组合，将上方图层表示阴影的短线删除。使用选择工具选中图形，将填充设置为无，颜色设为黑色，描边粗细设为3pt，使线条有粗细变化，细节更丰富。最终效果如图4-15所示。

图4-17

图4-18

第3节 斑点画笔工具

斑点画笔工具所绘线条的属性是填充，该工具常用来上色。本节将通过简单的案例讲解Illustrator中斑点画笔工具的使用方法。

知识点1 斑点画笔工具是什么

斑点画笔工具的作用是绘制自由形式的形状，它的位置在工具箱中，图标是 。单击该图标或按快捷键"Shift"+"B"可以调出斑点画笔工具。它与画笔工具和铅笔工具的区别在于，画笔工具和铅笔工具绘制的线条是描边，而斑点画笔工具绘制的线条是面，属性是填充。

知识点2 斑点画笔工具的用法

选择工具箱中的斑点画笔工具，直接在画板上拖曳鼠标就可以画出形状。按"【"键和"】"键可以快速调节画笔的大小。斑点画笔工具的颜色可以在"外观"面板的描边设置中改变的，如图4-19所示。用相同颜色在同一区域先后上色，两个形状会融合在一起，用不同颜色在同一区域先后上色，两个颜色不会融合，可以使用选择工具分别移动。

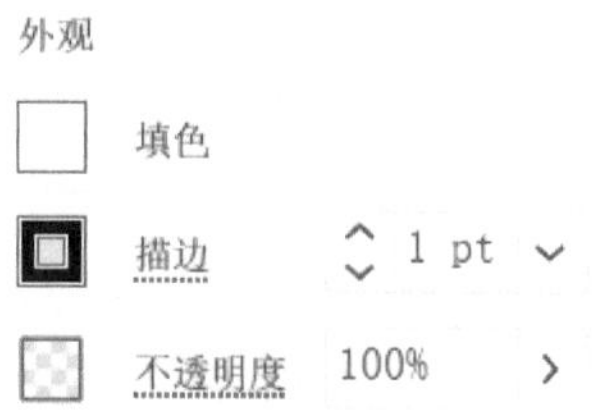

图4-19

案例：简笔画上色

通过简笔画的上色案例，进一步熟悉Illustrator中的斑点画笔工具的使用技巧。

1.上色

将第4课第2节勾勒的简笔画打开，在工具箱中单击"背面绘图"按钮，启用背面绘图模式。使用斑点画笔工具，选择合适的颜色在对应的位置涂抹上色，如图4-20所示。

图4-20

提示 上色时颜色可以超出一些，后续可以用其他工具擦除超出部分。

2.去掉多余颜色

用选择工具框选整个图形，使用工具栏中的形状生成工具，去掉外面多余色块。图形内多余的颜色需要用橡皮擦工具消除，使用选择工具选中需要擦除的颜色色块，然后使用橡皮擦工具擦除多余的部分。最终效果如图4-21所示。

图4-21

第4节 笔刷

画笔工具包含几种类型的笔刷，有模拟笔触的笔刷、有装饰元素的笔刷，也可以将自己绘制的元素作为笔刷，或是把图像作为笔刷，满足绘制时的不同需求。Illustrator中自带书法画笔、散点画笔、艺术画笔、图案画笔、毛刷画笔等笔刷。

知识点1 书法画笔

书法画笔创建的描边类似于书法效果，常用来绘制花样字体，在设计中经常用到，本小节将通过简单的案例讲解 Illustrator 中书法画笔的使用技巧。

1.书法画笔的位置及设置

选择画笔工具，可以在属性栏上找到"画笔定义"下拉列表，列表中就有书法画笔；还可以在"窗口"菜单中调出"画笔"面板，选择笔刷类型。如果需要更多类型的书法画笔，可以单击"画笔"面板左下角的"画笔库菜单"下拉按钮，在弹出的下拉列表中，有更多类型的笔刷，选择"艺术效果－书法"，就会出现更多书法画笔的笔刷。

想要修改笔刷属性，可以单击书法画笔的笔刷类型，会发现"画笔"面板中出现了该笔刷，在"画笔"面板中双击该笔刷，会弹出"书法画笔选项"对话框，可以在对话框中调整参数来修改笔刷属性。

2.案例：手写英文字体

手写英文字体，并设计立体效果和细节装饰，进一步熟悉 Illustrator 中的书法画笔的使用技巧。案例的最终效果如图4-22所示。

（1）手写英文

新建一个大小为800px×600px的文件。选择画笔工具，使用书法画笔中的15点扁平笔刷，将笔刷的角度设置为45°，设置填色为无，描边为黑色。在画布上写出英文，效果如图4-23所示。

图4-22

图4-23

（2）设置深色描边

框选整个图形，执行"对象－扩展外观"命令，将描边转换为填充。执行路径查找器中的"联集"命令将图形合并。将英文填充为黄色，复制图形，执行"编辑－贴在后面"命令，给复制的图形填充一个深色，将描边也设置为同样的颜色并加粗。将描边的边角类型设置为圆角连接，使描边圆润平滑。将复制的图形向下移动，呈现立体效果，如图4-24所示。

（3）设置浅色描边

　　在保持深色字体选中的情况下，复制并执行"编辑－贴在后面"命令，取消图形的编组。打开"外观"面板，新添加一个描边。把深色描边设置为25pt，把新添加的描边设置为白色，20pt。将白色描边的位置向右下方移动，呈现立体效果，如图4-25所示。

图4-24

图4-25

（4）调整细节

　　打开"画笔"面板，选择3点圆形笔刷，填色设为无，描边设为白色，为文字绘制出高光的效果。使用"钢笔工具"绘制装饰性元素。在字体空白处绘制一个带褶皱的帽子，填充设置为黄色，描边设置为和字体相同的深色，粗细为4pt，打开"描边"面板，设置描边对齐为使描边外侧对齐。绘制帽子的投影，互换投影的填色和描边，把描边色去掉，将投影置为底层。接下来绘制装饰性横幅。单击"画笔"面板左下角的"画笔库菜单"下拉按钮，选择"装饰－装饰_横幅和封条"，选择"横幅2"，在"画笔"面板中双击"横幅2"修改其属性，将着色方法修改为色相转换，单击主色里的吸管工具调整深色描边颜色，在字体的右下角绘制一条曲线，按住"Shift"键可以等比例放大和缩小横幅，调整大小。使用文字工具输入文字内容，并设置一个手写风格的字体，调整好文字的大小和角度，放置到横幅上。最终效果如图4-22所示。

知识点2　散点画笔

　　散点画笔是将设定好的图案沿着路径分布，在绘制散落状图形时十分有用，本小节将通过简单的案例讲解Illustrator中散点画笔的使用技巧。

1. 散点画笔的位置及设置

　　打开"画笔"面板，单击左下角的"画笔库菜单"下拉按钮，选择"装饰－装饰_散布"，弹出的面板中就是散点画笔的笔刷类型，如图4-26所示。散点画笔的图形是围绕路径进行分散的，使用选择工具选中所绘制的路径，调整描边的粗细来控制图形的大小。

2.案例：绘制植物图案

绘制几个植物图案，创建并应用散点画笔，进一步熟悉Illustrator中的散点画笔的使用技巧。案例的最终效果如图4-27所示。

（1）绘制一个枝条

新建一个大小为800px×600px的文件。选择曲率工具，绘制一条弧线。然后使用椭圆工具，绘制一个椭圆形。使用直接选择工具单击椭圆形下方的锚点，在属性栏上单击"将所选锚点转换为尖角"按钮，这样就得到了一个叶子的形状。单击"互换填色和描边"按钮，把叶子的描边改为填充。使用选择工具移动叶子并且旋转到合适的角度。按住"Alt"键拖曳复制叶子，调整其位置、大小和角度，即可得到一个枝条，如图4-28所示。

（2）绘制其他枝条

按同样的方法绘制其他枝条。将枝条的描边粗细设为1pt。使用选择工具框选这些图案，调整它们之间的位置。效果如图4-29所示。

图4-26

图4-27　　　　　　　图4-28　　　　　　　图4-29

提示　在绘制时如果不好对齐，可以在"视图"菜单中取消勾选"对齐像素"命令。

（3）创建散点画笔

使用选择工具框选全部图形，将图形直接拖到"画笔"面板就可以创建画笔。在弹出的"新建画笔"对话框中选择"散点画笔"，单击"确定"按钮，就会弹出"散点画笔选项"对话框，先保持默认设置，单击"确定"按钮。将绘制的图形放到画布外。使用画笔工具，选择刚才创建的散点画笔笔刷，在画布上拖曳绘制，如图4-30所示。

（4）改变散点画笔参数

双击所创建的散点画笔，在弹出的"散点画笔选项"对话框中将大小设置为50% ~ 100%，间距调整为50% ~ 90%，分布设置为100%，旋转设置为-20° ~ 20°，将大小、间距和旋转都设置为随机，单击"确定"按钮，在弹出的对话框中选择应用于描边。设置了之后图形之间的排布会更加随意。还可以改变散点画笔的颜色，双击工具栏的"描边"按钮，设置为绿色。在"画笔"面板中双击刚才创建的散点画笔笔刷，把着色的方法改为色相转换。使用画笔工具在画布上进行拖曳，所绘制的图形就变成了绿色。效果如图4-31所示。

图4-30   图4-31

（5）添加细节元素

为页面添加一些装饰性的元素，让这个作品看起来更加完整。使用矩形工具绘制一个矩形框，单击互换填色和描边。在矩形框中输入文字，将文字颜色设置为深绿色。按住"Shift"键选中这些文字和矩形框，设置为水平居中对齐。使用直线段工具绘制两条水平直线段，并将其放到矩形中。再使用矩形工具沿着页面大小绘制一个矩形，使用选择工具框选矩形和路径，单击鼠标右键执行"建立剪切蒙版"命令，可以把露在页面外面的多余路径遮挡住，再单击鼠标右键，执行"排列-置于底层"命令，就制作完成了。最终效果如图4-27所示。

知识点3 艺术画笔

艺术画笔有书法、卷轴笔、水彩、油墨、画笔、粉笔、炭笔、铅笔这些笔触效果，在绘制时可以根据不同需要进行选择。

1. 艺术画笔的位置及使用

调出"画笔"面板，打开左下角的"画笔库菜单"下拉列表，选择"艺术效果"，就可以看到艺术画笔包含的不同效果。

选择画笔工具，在画布上写出文字，使用选择工具选中需要应用艺术效果的路径，选择"画笔库菜单"中的"艺术效果"，单击其中一种艺术效果，会弹出对应的"艺术效果笔刷"面板，选择一种笔刷，路径就会自动应用所选效果。如果对效果不满意，可以使用直接选择工具选中锚点进行调整。使用艺术画笔前后的效果对比如图4-32所示。

2. 案例：制作怪兽

新建一个艺术画笔，制作不同的怪兽，进一步熟悉Illustrator中的艺术画笔的使用技巧。案例的最终效果如图4-33所示。

图4-32　　　　　　　　　　　　　　　　　　　　　图4-33

（1）新建画笔

框选如图4-34所示的图形，将图形拖到"画笔"面板中，在弹出的"新建画笔"对话框中选择"艺术画笔"，单击"确定"按钮。在弹出的"艺术画笔选项"对话框中，将画笔缩放选项设置为在参考线之间延伸，在预览框里面拖曳出参考线，把两条参考线放在怪兽的腰部位置，单击"确定"按钮。

（2）应用效果

选择画笔工具，在画布上垂直地拖曳参考线，可以看到，根据所拖曳的参考线，怪兽身体的部分会拉长，而头部、手部和脚部不会变形。若在画布上沿曲线拖曳参考线，可以看到怪兽身体的部分会沿着参考线的轨迹变为曲线。应用的效果如图4-35所示。

图4-34　　　　　　　　　　　　　　　　图4-35

知识点4　图案画笔

图案画笔可以将绘制的图案应用到路径上，在绘制有大量重复内容的图案时，使用该工具进行绘制将十分便捷。

1.艺术画笔的位置及使用

调出"画笔"面板，打开左下角的"画笔库菜单"下拉列表，选择"边框"，就可以看到图案画笔的几种类型。

使用画笔工具，在画布上绘制，或者使用几何工具组绘制出形状，再使用选择工具选中需要应用图案的路径，选择"画笔库菜单"中的"边框"，单击一种边框类型，会弹出对应的图案笔刷面板，如图4-36所示。

选择一种图案，路径就会自动应用所选效果。如果对效果不满意，可以使用直接选择工具选中锚点进行调整。也可以将自己绘制的图形新建为图案画笔，新建方法同艺术画笔，新建画笔类型选择图案画笔即可。

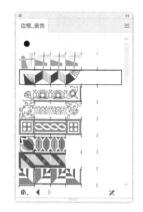

图4-36

2.案例：民族风格图案

本例将绘制的图案新建为图案画笔，并应用图案画笔制作一个民族风格的图案，进一步熟悉Illustrator中的图案画笔的使用技巧。案例的最终效果如图4-37所示。

图4-37

（1）绘制图形1

新建一个大小为800px×600px的文件。绘制一个椭圆形，使用直接选择工具框选下面两条路径并删除。将顶端的锚点转换为尖角。将描边设置为虚线，端点设置为圆头端点，粗细设置为7pt，调整虚线的间隙，使圆与圆之间没有间隙，如图4-38所示。保持图形的选中状态，复制图形并粘贴一个在其下面，如图4-39所示。将下面的图形取消勾选虚线，如图4-40所示。将下面的图形端点设置为平头端点，如图4-41所示。调整图形大小，让它刚好在圆点图形的内部，如图4-42所示。

图4-38　　　　　图4-39　　　　　图4-40　　　　　图4-41　　　　　图4-42

（2）绘制图形2

使用矩形工具和椭圆工具制作图形2，效果如图4-43所示。

（3）绘制图形3

使用与绘制图形1相同的方法制作图形3，效果如图4-44所示。

图4-43

图4-44

（4）新建图案画笔

使用选择工具框选图形1，然后将其拖入"画笔"面板中，在弹出的"新建画笔"对话框中选择"图案画笔"，单击"确定"按钮。在弹出的"图案画笔选项"对话框中，将图案画笔设置为近似路径，外角拼贴设置为自动居中，将该画笔命名为图案画笔1，单击"确定"按钮。再把图形2拖曳到"画笔"面板中，同样选择近似路径，命名为图案画笔2。最后拖曳图形3到"画笔"面板中，新建图案画笔，命名为图案画笔3。

（5）绘制民族风图案内芯

绘制一个细长的椭圆形，将其上下两个锚点转换为尖角，填充蓝色，设置深色描边。再绘制一个圆，填充浅色，拖曳复制出两个圆，将3个圆放在尖角椭圆形中线上，设置3个圆居中对齐，再让3个圆和尖角椭圆形水平居中对齐。使用选择工具框选全部图形，使用旋转工具，在下方锚点位置按住"Alt"键单击，在弹出的"旋转"对话框中设置角度为36°，单击"复制"按钮。按快捷键"Ctrl"+"D"连续复制8次。在复制好的图形上绘制一个圆，放在中心，填充深色。复制一个圆形原位粘贴，缩小后填充浅色，效果如图4-45所示。使用选择工具，按住"Shift"键选中外面一圈尖角椭圆形，复制粘贴在前面，互换填色和描边颜色后取消描边。将复制的图形编组，等比例放大，置于底层，旋转一定角度，效果如图4-46所示。

（6）应用图案画笔

在图案的中心绘制一个圆形，填充设置为无。给圆形应用图案画笔3，通过描边粗细调整大小。原位复制粘贴一个圆形，应用图案画笔2，调整大小和位置。再在原位复制粘贴一个圆形，应用图案画笔1，调整大小和位置。效果如图4-47所示。

图4-45　　　　　　　　　　　　　图4-46　　　　　　　　　　　　　图4-47

（7）添加细节元素

使用选择工具框选图形进行编组，拖曳复制出几个图形，放在画布的4个角上；再复制一个图形，将该图形放大后设置不透明度为10%，置于底层，作为背景。使用矩形工具绘制一个和画布同样大小的矩形，使用选择工具框选全部图形，单击鼠标右键，执行"建立剪贴蒙版"命令，将画布外的图形遮挡住，民族风格图案就制作完成了。最终效果如图4-37所示。

知识点5 毛刷画笔

毛刷画笔可以模仿不同笔的笔触，也可以为图形上色。毛刷画笔与水彩笔类似，多次叠加可以加深颜色。

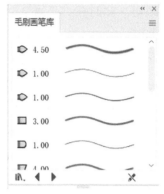

图4-48

1.毛刷画笔的位置及使用

调出"画笔"面板，打开左下角的"画笔库菜单"下拉列表，选择"毛刷画笔"，打开"毛刷画笔库"面板，就可以看到毛刷画笔的类型，如图4-48所示。毛刷画笔的使用方法与前几种画笔工具类似。

2.案例：给盆栽上色

给盆栽上色，进一步熟悉Illustrator中的毛刷画笔的使用技巧。案例的最终效果如图4-49所示。

打开素材，如图4-50所示。开启背面绘图模式，双击工具栏中的"描边"按钮，设置一个颜色，为图案上色。选择不同的颜色分别为不同的图案上色，最终效果如图4-49所示。

图4-49   图4-50

知识点6 拓展知识

除了以上介绍的工具，还有一些工具在绘图时也常常用到，例如符号工具和操控变形工具等。

1.符号工具

如果有一些元素需要重复使用，可以将其存为符号。

新建符号

从"窗口"菜单打开"符号"面板，将需要创建符号的图形拖曳到面板中，会弹出"符号选项"对话框，如果新建的符号是图片，就将导出类型设置为图形，其他设置保持默认即可。此时在"符号"面板中就有了创建的符号，必要时将符号拖曳到需要使用的地方即可。

编辑符号

选中"符号"面板中的符号，单击右上角的扩展按钮，选择"编辑符号"，进入隔离组模式，这时就可以编辑符号了，编辑完后退出符号编辑模式，所有应用的符号都会改变，编辑前后的效果如图4-51所示。如果只想改变应用的其中一个符号，则选中这个符号，单击"符号"面板下方的断开符号链接即可对其进行单独编辑。

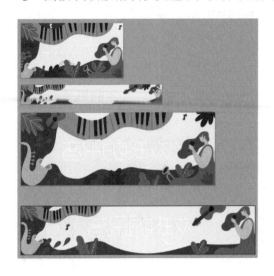

图4-51

更改符号属性和应用

符号工具在工具栏中，在图标上单击鼠标右键，可以看到完整的符号工具，有符号喷枪工具、符号紧缩器工具和符号旋转器工具等。将想要大量应用的图案创建为符号，使用符号喷枪工具在画布上拖曳，符号就会沿着拖曳路线随机分布，如图4-52所示。

图4-52

使用符号位移器可以调整图案的位置，使图案密集的位置更加协调；使用符号旋转器可以调整图案的角度，使图案角度更多样；使用符号着色器可以调整图案的颜色，如果没有设置颜色，那么符号着色器会减淡图案的颜色。调整后的图案效果如图4-53所示。

2. 操控变形

操控变形工具在工具栏中，它的作用是在绘制人物或动物的过程中，改变人物或动物的姿势。选择操控变形工具，在需要变形的图案上设置定点。主要设

图4-53

置两个定点，在不需要移动的位置设置一个定点，在需要移动的位置设置另一个定点。例如，在上臂设置一个不需要移动的定点，在手腕设置一个需要移动的定点，拖曳手腕定点即可移动胳膊。随便选择一个其他工具即可退出操控变形的操作。变形前后的效果对比如图4-54所示。

图4-54

本课模拟题

连线题

将Illustrator工具与其正确的描述相连。

1. 斑点画笔工具 ◢.　　　　　　A. 用于绘制开放和闭合的路径

2. 画笔工具 ◢.　　　　　　　　B. 绘制的路径具有手绘的外观

3. 钢笔工具 ◢.　　　　　　　　C. 用于绘制草图及线条

4. 铅笔工具 ◢.　　　　　　　　D. 用于将线条扩展为闭合的图形，且具有手绘外观

参考答案

1-->D；2-->B；3-->A；4-->C。

作业：绘制汉堡包

自行选定风格，完成汉堡包的绘制。

核心知识点 绘画工具的使用。

尺寸 自定。

颜色模式 RGB模式。

作业要求

（1）创建一个新的文档，绘制汉堡包线稿。绘制过程中可以根据自己的风格选择合适的绘画工具。

（2）熟练应用各种笔刷，对绘制的图案应用不同效果。

（3）熟练应用填色和描边，给绘制好的简笔画线稿上色。

参考范例

第 **5** 课

文字

在Illustrator中，把文字工具和其他工具结合使用可
以得到不同的文字效果。本课将先讲解文字设计的
基础知识及文字工具的使用方法，然后通过多个案例
来讲解文字工具结合其他工具制作不同效果的特效文
字，最后结合一个综合案例来巩固本课的重点内容。

第1节 文字设计基础知识

使用Illustrator可以进行很多与文字有关的设计，包括字体（文字特效）设计和图文排版设计等，如图5-1所示。

图5-1

知识点1 中英文字体分类

中英文字体可以分为衬线体和非衬线体两大类。

衬线体起源于英文字体，其文字的笔画具有装饰性的元素；非衬线体的笔画没有装饰性的元素，笔画的粗细基本一致，如图5-2所示。这个概念同样适用于中文字体，例如宋体属于衬线体，黑体、幼圆等字体属于非衬线体，如图5-3所示。衬线体比较严肃典雅，可以用于有大段文字的书籍中，使书籍的阅读体验更好，也可以用于时尚杂志封面的文字设计。非衬线体给人一种比较轻松、休闲的感觉，因其没有装饰性的元素，简洁直观，所以在电子屏幕上的显示效果比衬线体更佳。

图5-2

图5-3

知识点2 文字的大小与粗细

同一款字体一般会有不同的字重，字重即字体的粗细。在文字的大小和粗细的选择上，一般正文为了阅读直观方便，会选择用字号较小、笔画较细的字体；标题为了醒目突出，则会选择字号较大、笔画较粗的字体，如图5-4所示。

图5-4

知识点3 字体的个性

不同的字体有不同的个性。一些字体从名称上就能感受到其个性，如力量体、娃娃体、综艺体等，如图5-5所示。

从作品中也能体会字体的个性。图5-6中使用的是手写体，手写体一般具有古朴、典雅、文艺的气质，适用于历史、传统文化题材的作品。图5-7中使用的是黑体，黑体具有现代、简约的气质，适合用于现代艺术展览的宣传作品。

一些字体还能体现出性别的特质，如衬线体一般更加柔美，所以更多地使用在女性题材的作品中，如图5-8所示。黑体一般更能体现力量感，所以更多地使用在男性题材的作品中，如图5-9所示。

图5-5

图5-6   图5-7   图5-8   图5-9

提示 在使用字体时，特别是在制作商业项目时，一定要注意字体的版权。大部分字体都不能免费商用，需要取得商业授权才能商用。如果想要节约字体版权的费用，可以在网上搜索免费、免版权的字体。

第2节 文字工具的使用

掌握文字设计基础知识后，就可以开始动手制作文字设计作品了。本节将通过简单的案例讲解Illustrator中文字工具的使用方法。

知识点1 文字工具是什么

文字工具的作用是输入文本，它位于工具箱中，图标是一个大写字母T，单击文字工具图标或使用快捷键"T"可以调出文字工具。长按鼠标左键可以展开文字工具组，如图5-10所示。该工具组中最常用的是文字工具（输入水平方向的文本）和直排文字工具（输入垂直方向的文本）。

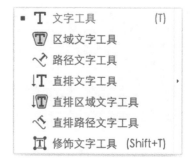

图5-10

知识点2 文字工具的用法

下面讲解文字工具的两种常见用法——输入点文字和段落文字，以及使用文字工具时的一些基本操作。

图5-11

1. 输入点文字

点文字即单行文字内容（如标题）。选择工具箱中的文字工具，在画布上单击即可输入点文字，如图5-11所示。

> 提示 默认情况下，使用文字工具单击画布或绘制文本框后，系统将自动填充字符进行占位。在选中自动填充的字符的状态下输入文字即可替换点位字符。

2. 输入段落文字

段落文字即一段或多段文字。选择文字工具，按住鼠标左键在画布上拖曳，绘制一个矩形文本框，松开鼠标，在文本框中输入文字内容即可，如图5-12所示。

3. 退出文字编辑状态

输入文字后按"Esc"键可以退出文字编辑状态，也可以在工具箱中选择任意其他工具来退出文字编辑状态。

4. 移动文字位置

按"Esc"键退出文字编辑状态后，系统会直接切换到选择工具。使用选择工具选中需要移动的文字，按住鼠标左键并拖曳即可移动文字的位置。

5.设置另一个新的文字起点

在输入文字后，如果想在其他位置输入新的文字，就需要设置新的文字起点。在选中文字工具的状态下，单击空白画布，就会退出当前文字编辑模式，再单击画布，就可以在单击处设置新的文字起点了，如图5-13所示。

图5-12   图5-13

6.设置字体、字号、字距、对齐方式、颜色等

选中文字对象以后，在属性栏中可以设置文字的字体、字号、对齐方式和颜色等，如图5-14所示。选中文字后再调整属性栏中的参数，可以在画布上看到调整后的文字效果。

图5-14

除了属性栏，还可以使用"字符"面板设置文字属性，执行"窗口-文字-字符"命令可以打开"字符"面板，单击面板中的"更多选项"按钮，可以把面板展开，从而看到其他被隐藏起来的选项。"字符"面板中的设置选项很多，除了可以设置字体、字号，还可以设置字距微调、字距调整、字符旋转等，如图5-15所示。

下面介绍其中3个选项。

字距微调 ：调整两个文字之间的距离。在文字中插入光标，调整该属性，光标两侧文字之间的距离会发生改变，其他文字之间的距离保持不变。

字距调整 ：调整所选文字的间距。选中文字，调整该属性，所选文字的间距都会改变。

字符旋转 ：在一行或一段文字中旋转文字。选中文字，设置字符旋转角度，就可以得到旋转的文字，如图5-16所示。

图5-15

图5-16

设置文字的颜色时可以单击属性栏中的"填色"按钮来选择颜色，也可以使用右侧的"色板"面板给文字设置颜色，设置颜色后效果如图5-17所示。

图5-17

第3节 文字段落设置

当输入较多文字时，需要对文字进行段落设置，如调整文字的行间距、字间距，并设置文字对齐方式等。

知识点1 文本对齐

要调整段落设置可直接在右侧的段落选项里设置，也可以执行"窗口－文字－段落"命令打开"段落"面板，如图5-18所示。常用的段落设置有文本的对齐方式、首行左缩进、避头尾集等。

对齐方式：在"段落"面板中，有左对齐、居中对齐、右对齐、两端对齐末行左对齐、两端对齐末行居中对齐、两端对齐末行右对齐、全部两端对齐7种对齐方式。在段落文字中最常用的对齐方式是两端对齐末行左对齐，如图5-19所示的副标题文字。

首行左缩进：常用的段落设置，作用是使段落按照书写规范在段首空两格。

避头尾集：按照书写规范，段尾标点不能出现在段首，如逗号、叹号等。段首有段尾标点时，在"避头尾集"中选择"严格"或"宽松"都能避免出现段落格式不符合书写规范的情况。

图5-18

图5-19

知识点2 路径文字

1.路径文字的使用

除了可以输入横排文字和竖排文字，还可以沿着路径输入文字，使文字内容沿着路径排列，这样的文字被称为路径文字。

选择一个图形工具，在空白处绘制一个图形，在文字工具上长按鼠标左键，选择路径文字工具。单击图形，输入文字内容。用选择工具可以调整路径文字的位置，文字前后的两条参考线分别代表路径文字的起始位置和结束位置，还有一条没有控制点的线就是路径文字的控制线，按住鼠标左键并拖曳这条线即可调整路径文字所处的位置以及控制文字是在路径外沿还是在路径内沿。效果如图5-20所示。

图5-20

2.案例：路径文字设计

使用路径文字可以完成多种设计效果。在以下案例中，路径文字搭配使用的图文已提前设计好，如图5-21所示。用图形工具在图片上面绘制相应的图形，如图5-22所示。再用文字工具中的路径文字工具输入文字，用选择工具调整文字到合适的位置就能得到好看的文字效果，如图5-23所示。

图5-21

图5-22   图5-23

第4节 文字的综合应用

Illustrator的文字工具与其他工具结合使用，可以打造出很惊艳的效果。本节将讲解文字工具分别与书法、3D、混合工具相结合的设计方法，并结合实际案例，给读者提供更多使用文字工具的思路。

案例1：文字+书法

文字工具加上具有书法特点的笔画可以形成具有书法艺术风格的文字设计，这是文字设计中常见的一种方法。下面将讲解图5-24所示的案例的制作。

1.输入文字

新建一个800px×600px的文件，在画布中间输入"梦想"两个字，设置文字字体为楷体，颜色为浅灰色，将该文字作为骨架，方便后续用书法字进行描摹，如图5-25所示。执行

"对象－锁定－所选对象"命令锁定这两个字，以免后面发生误操作。

图5-24   图5-25

2.用书法笔画进行图像描摹

找到书法字素材图，如图5-26所示。把素材图拖曳到画布中，嵌入画布。执行"窗口－图像描摹"命令展开"图像描摹"面板，通过图像描摹使位图变成矢量图，如图5-27所示。在"高级"选项组中调整"路径"和"边角"的参数，以保留书法的笔画效果。

> **提示** 因为书法类的字库要考虑每个字排在一起的协调性，所以笔画比较规律，没有手写书法字体那么洒脱。可以寻找书法笔画素材，并将位图转换为矢量图，将各笔画组成有个性的书法字体，运用在各个设计环境中。

3.用笔画组成文字

选择素材，单击属性栏上的"扩展"按钮扩展图形；将素材取消编组以便选取单个笔画；设置排列方式为置于顶层，选择合适的笔画，按"Alt"键拖曳复制笔画到之前预备的骨架上，排列成"梦想"两个字就可以了，如图5-28所示。排列完成后删除下方的文字骨架即可。

4.提高作品的完成度

给作品添加合适的背景色、图片和印章等，结合这些元素重新排列文字的位置，使画面效果更加丰富，提高作品的完成度。

图5-26   图5-27

图5-28

案例2：文字+3D

文字工具结合Illustrator中的3D功能可以制作立体文字效果，文字的3D效果不论是在封面设计、UI设计，还是一些其他设计中都被广泛应用。下面将讲解图5-29所示的案例的制作。

1.设置背景和输入文字

新建一个800px×600px的文件，使用矩形工具绘制一个和画布同等大小的矩形。去掉矩形描边，填充绿色，锁定为背景，用文字工具在画布上输入"DESIGN TREND"，调整文字的字体、字号、颜色，如图5-30所示。

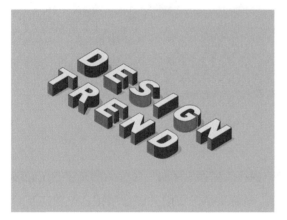

图5-29

图5-30

2.设置文字的3D效果

执行"效果-3D-凸出和斜角"命令，在弹出的对话框中可以设置3D效果的属性，如3D凸出方向等；调整位置和表面的选项；设置的厚度值不要太大，勾选"预览"选项可以看到设置完成后的效果。

3.调整字距

文字有了立体效果后，字距过近会显得有些拥挤，可以用右侧属性栏里面的"字距调整"把字距调整到合适的大小。

4.扩展外观

执行"对象-扩展外观"命令，扩展文字外观，给文字设置黑色的描边，如图5-31所示。取消文字编组，使每个文字能单独被选中，以便后续单独给文字填色。

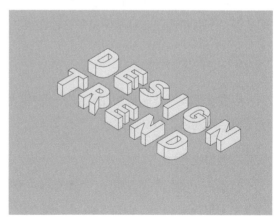

图5-31

5. 文字填色

根据光影效果给文字的不同面添加不同的颜色可以更好地体现出立体效果。选中图形，分别给文字的正面、侧面、底面填色。填色时可以把选好的颜色拖曳到色板中保存，并设置为全局色，方便之后统一修改。填色后效果如图5-32所示。

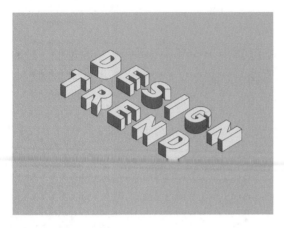 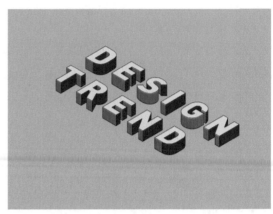

图5-32

6. 制作投影效果

用魔棒工具选择文字的正面，单击鼠标右键，执行"变换-移动"命令，把文字的正面移动到底部。水平方向不变，设置垂直方向的参数，复制文字的正面并进行编组，设置文字颜色并去掉描边颜色。保持文字的选中状态，单击鼠标右键，执行"排列-置于底层""排列-前移一层"命令使之位于背景层的上方。执行"效果-扭曲和变换-变换"命令给文字增加投影，设置水平方向数值和副本数值，即可完成本案例的制作。

案例3：文字+混合工具

文字工具结合Illustrator中的混合工具可以制作出多种文字效果，如线条字、毛绒字、变形字等。下面将通过实际案例讲解3种文字工具结合混合工具的操作方法。

案例3-1：制作线条字

用混合工具制作曲线路径文字是一种常用的方法，图5-33所示的曲线路径文字就是用文字工具结合混合工具制作的。

1. 给文字创建轮廓

新建一个文档，使用矩形工具绘制一个和画布同等大小的矩形，将矩形描边设置为无，将填充设置为淡绿色，锁定为背景。用文字工具在画布中央输入"岁月"两个字，设置其字体、字号。选中文字并单击鼠标右键，执行"创建轮廓"命令，使文字变成图形，如图5-34所示。

图5-33   图5-34

2.组成并扩展圆环

使用椭圆工具绘制一大一小两个圆形，互换填色和描边。设置两个圆形水平和垂直居中对齐。使用混合工具单击两个圆形，设置步数为50，即可形成50个圆环。执行"对象－扩展"命令将圆环扩展。把文字移动到圆环上，如图5-35所示。

3.调整文字路径

选中文字和圆环，在属性栏的"路径查找器"面板上单击"轮廓"按钮，使圆环图案以文字的轮廓显示。取消路径图形的编组，选择其中一段路径，在属性栏上单击"选择类似的对象"按钮，把文字路径选中，剪切并粘贴出来，把文字移动到空白的地方。按快捷键"Ctrl"+"Y"进入轮廓预览模式，保留曲线路径，删除多余的直线路径。操作完退出轮廓预览模式。

4.调整曲线描边粗细并完成作品

框选文字的路径，根据文字的大小设置合适的描边粗细，如图5-36所示。最后搭配一些装饰性元素来提高作品的完成度即可。

图5-35   图5-36

案例3-2：毛绒字

使用文字工具结合混合工具可以制作毛绒字，下面将讲解图5-37所示的案例的制作。

1.无衬线英文字体

新建一个文档，使用矩形工具绘制一个和画布同等大小的矩形，将矩形描边设置为无，将填充设置为深蓝色，锁定为背景。使用文字工具输入字母"OUTER SPACE"，设置其字体、字号、颜色，单击鼠标右键给文字创建轮廓，如图5-38所示。

图5-37

图5-38

2.删除锚点变为单线文字

将文字取消编组，按快捷键"Ctrl"+"Y"进入轮廓视图模式，用套索工具删除多余的路径，使文字变成单线文字；使用钢笔工具连接需要连接的路径，调整锚点的方向和位置，使线条更加平滑美观，如图5-39所示。退出轮廓视图模式。选中文字，单击"互换填色和描边"按钮，使文字互换填色和描边颜色。

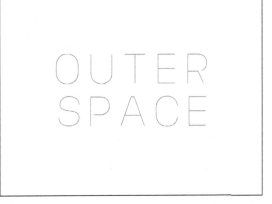

图5-39

3.设置颜色和指定步数

绘制一个圆，打开"渐变"面板，互换填色和描边颜色，在渐变滑块中设置颜色数值，在渐变条中再添加一个渐变滑块，输入滑块处的颜色数值，使圆呈现3个颜色的渐变。拖曳复制出另一个渐变圆图案，并使它与之前的圆拉开一段距离，用混合工具单击两个图形，设置步数，出现一个混合轴，如图5-40所示。

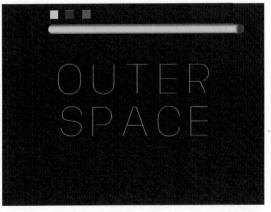

图5-40

4.替换混合轴

用选择工具复制一个混合轴，按"Shift"键选择混合轴和一个字母，执行"对象-混合-替换混合轴"命令，把混合轴替换到字母的笔画上，多次重复这步操作把字母都替换成混合轴的效果。效果如图5-41所示。

5.制作毛绒效果

选中所有字母，执行"效果-扭曲和变换-粗糙化"命令，将大小选项设置为绝对，并调整其参数，将点选项设置为平滑，将细节参数数值调整为最大，毛绒字就制作完成了，如图5-42所示。

图5-41

图5-42

案例3-3：变形字

文字工具结合混合工具还可以制作酷炫的变形字，如图5-43所示。

1.输入文字，创建轮廓

新建一个文档，使用矩形工具绘制一个和画布同等大小的矩形，将矩形描边设置为无，将填充设置为黄色，锁定为背景。使用文字工具输入字母"MUSIC FESTIVAL"，设置合适的字体和字号。按"Shift"键等比例缩放文字的大小，使两行文字宽度保持一致。给文字创建轮廓，设置填色为白色，描边为黑色，如图5-44所示。

图5-43

图5-44

2.用网格使文字变形

执行"对象－封套扭曲－用网格建立"命令，建立一个行数和列数都为4的网格。用直接选择工具选择网格的前两行，按两下键盘上的右方向键使文字扭曲。用同样的方法把下行的文字也设置成变形效果，如图5-45所示。

图5-45

3.使文字随曲线变形

选中一行文字，执行"对象－扩展"命令，按住"Alt"键向下拖曳复制两组文字，框选3组文字，选择混合工具，分别单击3组文字。用混合工具设置文字的指定步数为20，使文字产生重叠效果，如图5-46所示。用曲率工具绘制一段曲线，曲线的起始位置和结束位置决定文字的方向。选中文字和曲线，执行"对象－混合－替换混合轴"命令，使文字沿着曲线的方向变形，按照这种方法使第二行的文字也沿着曲线变形，如图5-47所示。

4.给文字填色和描边

在"图层"面板选中文字的图层，改变文字的填充色和描边色，再把描边改细，双击混合工具，降低步数。按照这种方法给文字都填充相应的填色和描边。用单独选择工具调整字母到合适的位置。在属性栏给字母设置合适的角度。设置完效果如图5-43所示。

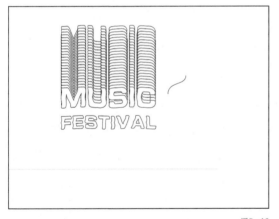

图5-46

图5-47

第5节 文字的综合案例

本节将讲解一个文字的综合案例。通过这个案例，读者可以进一步熟悉Illustrator中的文字工具的使用技巧。案例的最终效果如图5-48所示。

1.输入文字

新建一个文档，用矩形工具绘制一个和画布一样大小的矩形，将矩形描边设置为无，将填充设置为紫色，锁定为背景。选择文字工具，按住鼠标左键并拖曳绘制出一个文本框，将素材中的文字复制粘贴到文本框，设置文字的颜色、字体、字号，如图5-49所示。用剪切粘贴的方式把文字拆分成词语或小短句，排列摆放每组文字的位置，使文字对齐。

2.用3D功能改变文字方向

选中文字，执行"效果-3D-凸出和斜角"命令，首先设置位置、表面的参数；然后将厚度参数设置为0；最后将文字内容扩展，设置文字的填充颜色和描边颜色，效果如图5-50所示。

图5-48

图5-49

3.用混合选项制作文字效果

把文字内容向上复制一层，选择成组文字内容，用混合工具分别进行单击，根据文字之间的距离设置步数，设置完每组文字的指定步数后，将文字等比例缩放并放置到合适的位置。还可以选择文字内容展开子图层的图层位置，选中目标对象，然后按"↑"或"↓"键调整两个文字之间的距离，调整后效果如图5-51所示。

4.均衡版面

用标题和时间信息填补版面左下角和右上角的空白处，均衡版面。设置文字的字体、字号、颜色，调整文字对齐方式，即可完成本案例的制作。

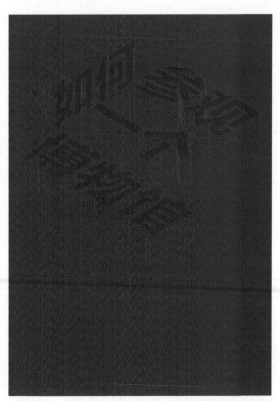

图5-50

图5-51

本课模拟题

1.单选题

能沿图形形状调整文字基线的工具或功能是（   ）。

A.文字工具   B.文本排绕

C.路径文字工具   D.区域文字工具

参考答案

本题参考答案为C。

2.单选题

当出现流溢文本时，可将流溢出的文本串接到下一个区域的控件是（   ）。

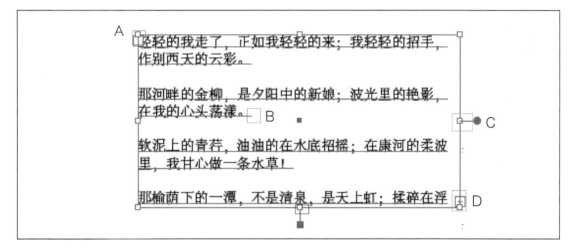

参考答案

本题参考答案为D。

3.单选题

在排版中，以下对于字距调整描述正确的是（   ）。

A.一段文字的字之间的距离   B.文本块中每个字符的高度

C.特定一对字符间的距离   D.段落中每个字符的角度

参考答案

本题参考答案为A。

4.操作题

给下图添加一个文本"上传"。要求字体大小为60pt,字体设置为方正兰亭中粗黑简体,字体颜色为白色。将文本放置在绿色矩形的内部。

操作步骤

（1）单击左侧工具栏中的文字工具，在文件任意一处单击并输入"上传"。

（2）单击工具栏中的选择工具后，在"属性"面板中修改字体为方正兰亭中粗黑简体，调整字体大小为60pt,修改颜色为白色。

（3）单击并移动文本到绿色矩形上。

作业：中国风开屏页设计

在二十四节气中选择一个作为设计主题，完成中国风的开屏页设计。

核心知识点 图形工具组、绘画工具、文字工具的综合运用。

尺寸 1242px×2208px。

颜色模式 RGB模式。

作业要求

（1）创建一个新的文档，根据选定的主题绘制手机开屏页的插画线稿。

（2）熟练应用各种笔刷，给绘制好的插画线稿上色。

（3）给开屏页配上符合画面意境的文字。

（4）搜索手机样机素材，制作开屏页设计的样机使用效果图。

参考范例

第 **6** 课

插画设计

Illustrator是插画设计师常用的软件。不同于用纸绘画，用软件绘画更加高效，并且便于修改，如给对象更换颜色、改变对象大小等。结合Illustrator的功能可以绘制多种风格的插画，如结合钢笔工具绘制扁平插画、结合3D功能绘制2.5D插画、结合渐变色功能绘制渐变风格插画等。使用Illustrator绘制的插画经常被用于广告包装、海报制作、效果演示、封面设计等。

第1节 认识数字绘画

　　数字绘画也可以叫插画，可以作为文字的补充说明、艺术作品等，如图6-1所示。插画所涉及的领域很广，与插画相关的工作可以分为传统印刷出版类和互联网视觉类。

　　传统印刷出版类有儿童插画、原创绘本、同人插画、招贴海报、宣传单、杂志和图书内文的插画、封面设计、产品包装等。

　　由于互联网行业日渐成熟，用户对于视觉的要求越来越高，插画的表现形式也比较让人易于接受，所以插画被广泛应用在互联网的产品中，主要包括：插画风格的图标、App的开屏界面、H5小游戏、活动页、运营banner、品牌形象、表情包等。市场对设计师的要求也在不断提高，要求设计师会设计的同时还需要具备手绘能力。

图6-1

提示 使用Illustrator中的图形绘制功能和绘画工具可以完成这些插画的绘制。用Illustrator绘制的插画可以无限放大，而且不会变模糊。Illustrator能够精细地调整图形，有多种保存格式，能够满足各平台的要求。对于没有使用过软件画画的"小白"来说，Illustrator也很容易上手。

第2节 数字绘画的基础知识

数字绘画的基础知识主要包括6个方面，分别是造型、色彩、构图、透视、光影、肌理。下面来分别讲解这6个方面。

知识点1 造型

造型是绘画的基础。以画人像为例，通常人们说把人物画得很像，其实是指画面抓住了属于这个人物的独有特征。在学习插画绘制的初期，可以多看高质量的插画作品，并临摹自己喜欢的插画作品来提升自己的造型能力，如图6-2所示。

图6-2

在临摹插画的同时，还需要学习优秀作品中的构图和色彩搭配，并且要多尝试去改变，从原来100%地临摹到逐渐加入自己喜欢的色彩、元素和造型，逐渐找到属于自己的风格。这就要求平时不仅要多练习画画，还需要收集和整理属于自己的素材库，学习更多绘画表现的形式，如图6-3所示。同一个物体从不同的角度去看，它的表现形式是不同的。

了解了如何提升造型能力以后，可以给自己准备一个小本子和一支笔，用简单的线条来记录生活中发生的一切，然后逐渐加入主题，有目的地去练习一些绘画作品，试着去发散思维、构造联想，如图6-4所示。

在绘画初期不需要给自己设定太多的条件，因为想要画得好，需要投入大量的时间，所以可以先从自己感兴趣的事物入手，每天坚持不懈地练习。坚持练习，造型能力才会变得越来越强。

图6-3

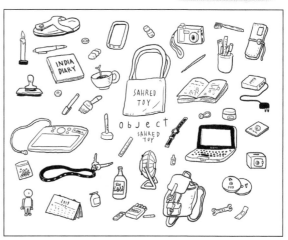

图6-4

知识点2 色彩

下面将讲解三原色、色彩三要素和色彩搭配的相关知识。

1. 三原色

在绘画中，品红色、黄色和青色被称为三原色，它们不能由其他颜色混合产生，而其他颜色可以使用这3种颜色按照一定的比例混合而成，如图6-5所示。

2. 色彩三要素

色彩三要素包括色相、饱和度和明度。色相可以简单理解为颜色的相貌，如红色、蓝色、绿色、紫色等。饱和度是指颜色的鲜艳程度。明度是指颜色的明暗程度。

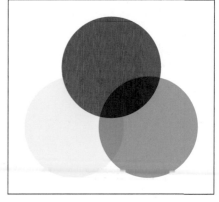

图6-5

3. 色彩搭配基础知识

单色搭配： 使用一个颜色，改变其饱和度或明度，使颜色产生不同的变化。单色搭配的优点是不容易出错，缺点是比较单调，如图6-6所示。在学习颜色搭配的初期，可以从单色搭配开始尝试，然后逐渐加入更多的颜色。

相似色搭配： 使用色相环上彼此相邻的两三种颜色来搭配，如红色和橙色、蓝色和绿色等，如图6-7所示。

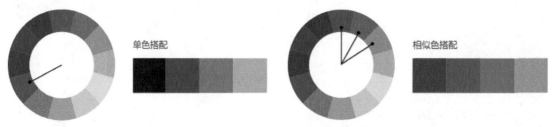

图6-6   图6-7

互补色搭配： 使用色相环上彼此相对的颜色进行搭配使用，如蓝色和橙色、红色和绿色等，如图6-8所示。它的优点是会使画面丰富多彩，缺点是比较难搭配。

分裂互补色搭配： 使用色相环上相对的颜色两侧的颜色进行搭配。使用的颜色在色相环上形成等腰三角形，如图6-9所示。如红色相对的颜色是绿色，不使用绿色进行搭配，而使用绿色左右两边的颜色来跟红色进行搭配。这种搭配方式比互补色搭配的难度要低一些。

图6-8   图6-9

三原色搭配：采用3种在色相环上均匀分布的颜色进行搭配，使用的颜色在色相环上构成一个等边三角形，如图6-10所示。

四原色搭配：使用的颜色在色相环上形成一个矩形，可以将其中一个颜色作为主色，其余的颜色作为辅色，如图6-11所示。

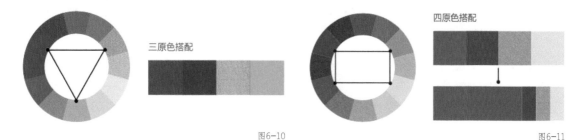

图6-10　　　　　　　　　　　　　　　　　　　　　　　图6-11

学习色彩的基础搭配知识后，还可以通过网上的一些辅助手段来为色彩搭配提供参考。如在花瓣网上搜索"配色"，网站将会罗列出很多配色图片，图6-12所示都是通过图片来提取的配色。把这些图片收集起来，在绘制插画的时候可以将其作为配色参考。

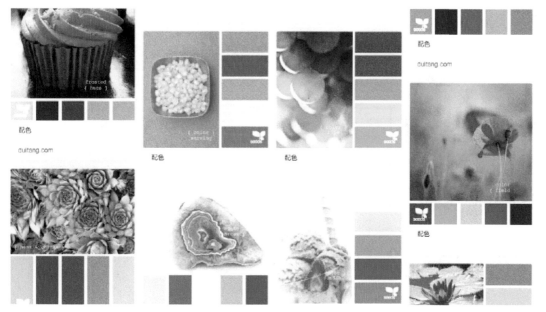

图6-12

追波网是UI设计师经常使用的网站，该网站上主要发布UI作品、图标作品等，同时也会发布一些很好的插画作品。在网站上打开一幅插画作品，网页下方就会罗列出这幅作品使用的颜色，给网站用户提供参考，如图6-13所示。单击颜色，还会罗列出网站中所有使用这个颜色的其他作品，如图6-14所示。这是另一个学习配色比较方便的途径。

网站COOLORS也是一个获取配色参考的好地方。在网站COOLORS中可以导出配色方案的图片，再把图片拖曳到Illustrator中使用。

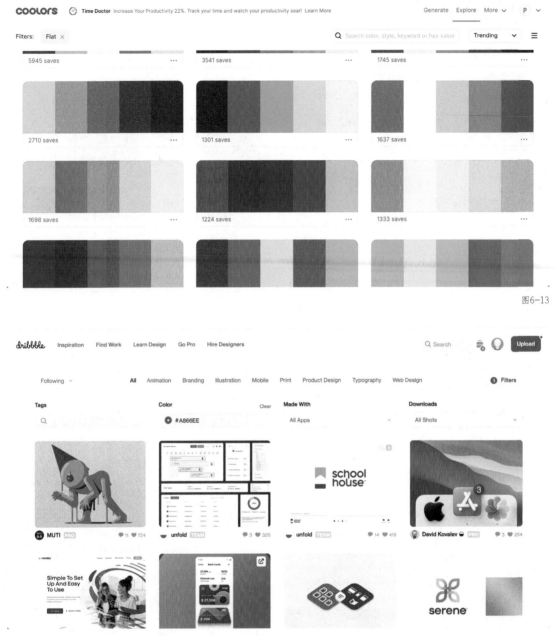

图6-13

图6-14

知识点3 构图

　　构图是指绘画时根据题材和主题思想，将要表现的形象进行合理布局，构成一个完整的画面。合理的构图可以让画面有整体感和平衡感，使画面饱满，使各元素间能够相互呼应。

　　常见的构图形式有横分式构图和竖分式构图，是按照2：1的比例将画面上下或左右分为两部分，一部分是画面的主体，另一部分则是主体的陪衬，如图6-15所示。

图6-15

　　九宫格式构图，是指将画面横向和纵向等分为3行和3列，将主体放在交叉点上，如图6-16所示。交叉点是画面中最佳的位置，符合人们的视觉习惯。

　　三分式构图，是将画面分为三等份，每一份都是画面中的主体，它比较适合元素较多的画面，如图6-17所示。三分式构图比较简单，能够让画面非常饱满。

　　对角式构图，是指画面的左上、右下或右上、左下形成一条对角线，它能够起到引导观众视线的作用，如图6-18所示。这种构图形式会使画面比较均衡，在视觉上比较舒适。

图6-16　　　　　　　　　　　　　　　　图6-17　　　　　　　　　　　　　　　　图6-18

　　S形构图，是指画面中的元素呈S形摆放。这种构图方式比较自由，会让画面看起来很生动，如图6-19所示。

　　斜三角式构图，是指画面上有3个视觉中心点，将这3个视觉中心点连接，会形成一个斜三角形。这种构图形式会使画面丰富、生动，如图6-20所示。

　　对称式构图的画面比较平衡，画面看起来很稳定，如图6-21所示。这种构图形式适合用于主体物不需要特别突出的作品上。

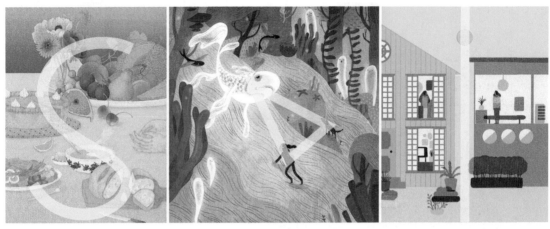

图6-19   图6-20   图6-21

知识点4 透视

透视是指在平面上描绘物体的空间关系。

一点透视是指物体的延长线最终会消失在一个点上，如图6-22所示。

两点透视是指物体的延长线最终会消失在两个点上，如图6-23所示。两点透视不仅要考虑物体的近大远小，还需要考虑物体左右的距离关系。

图6-22   图6-23

三点透视是指物体的延长线最终会消失在3个点上，如图6-24所示。三点透视不仅要考虑物体的远近关系、左右关系，还需要考虑上下关系。三点透视对造型能力的要求特别高，它比较适合在大场景或沉浸感特别强的画面中使用。

无透视是指在画面中透视关系不明显，如图6-25所示。这种透视方式在互联网插画中经常使用。

图6-24

图6-25

颜色透视是指通过颜色来营造透视的关系，如图6-26所示。一般来说，近处颜色深，远处颜色浅；近处细节多，远处细节少。

视平线是指人眼平视时视线所在的水平线，而地平线是指地面和天空相交的那条线。视平线和地平线不是同一条线，只是在绘画作品中经常会将视平线和地平线重叠在一起使用，如图6-27所示。

图6-26

图6-27

真实与外观，是指绘画当中要表现的物体与真实的物体之间的差别，如图6-28所示。因为同一物体在不同角度下，它的形态是不一样的，所以在绘画时不要遵循固定思维，要尝试从不同的角度去想象。

隐形透视是指物体在不同距离上的模糊程度，如图6-29所示。绘画理论中常说的"近实远虚"就可以理解为隐形透视。

图6-28   图6-29

知识点5 光影

光影的产生需要有发光的物体，通俗来讲，就是光照在一个物体上，就会形成光影，如图6-30所示。发光的物体无处不在，如夜空里的星星、生活中的蜡烛、电灯等。此外，光还有明度、方向、冷暖之分。

光的反射让人看到物体的具体形象，可以辨别事物，其中不同材质、尺寸的物体，反射出的形象也是不同的。

图6-30

1. 光影的基本原理

物体在光线的照射下会产生立体感，形成"三大面""五大调"，如图6-31所示。"三大面"是指黑、白、灰。黑指的是物体的背光部分，白指的是物体的受光部分，灰指的是物体的侧光部分。"五大调"是指高光（最亮的部分）、明部（高光以外的受光部分）、明暗交界线、暗部（包括反光）和投影。

2. 光影的特性

光影的第一个特性是反射，也被称为反光。反射通常发生在表面光滑的物体上，如小朋友吹的泡泡会反射出周围环境的颜色，如图6-32所示。

光影的第二个特性是折射。折射通常发生在液体的表面，如将一根筷子插入玻璃水杯当中就会产生折射。液体不同，折射的效果也会不同。雨后的彩虹也是光线折射产生的，如图6-33所示。

光影的第三个特性是投影。投影是体现物体真实性、营造逼真空间、突出主题形象的有效手段，如图6-34所示。需要注意的是，离物体近的投影实、颜色重、边缘清晰；离物体远的投影虚、颜色浅、边缘模糊。

了解光影的特性对深入刻画物体细节是很有好处的。在日常生活中，要养成观察光影、观察身边事物的好习惯。

图6-31

图6-32

图6-33

图6-34

3.光影在绘画中的运用

　　在绘画中，首先要拟定光源的方向，因为光源方向不同，物体的受光面和背光面是不一样的。另外，产生光影的时间不一样，光影的颜色也会不同，如清晨和午后的太阳照射在物体上所产生的颜色是不同的，如图6-35所示。设计师需要经常观察生活中光影投射在真实物体上的颜色情况，以及多看优秀插画作品如何将光影运用在绘画中。

图6-35

知识点6 肌理

　　手绘主要通过不同的物质、材料、工具，以及表现技巧来打造不同的肌理效果，如油画的肌理、水彩画的肌理、岩彩画的肌理和版画的肌理都有不同的特点，如图6-36所示。油画通过颜料的堆叠形成肌理效果；水彩画通过水和颜料的调和形成颜色之间特有的融合效果；岩彩画通过颜料和其他的辅助材料来丰富画面；版画通过不同的雕刻手法来体现不同的纹理。

图6-36

　　学习数字绘画之前，可以收集一些不同的纸张纹理，如牛皮纸纹理、水彩纸纹理、网点纹理等，如图6-37所示。使用软件的混合叠加功能，利用这些素材来制造不同的肌理效果。

图6-37

　　Illustrator是一个矢量绘图软件，在表现肌理的时候有自己的特点，它通常用来绘制扁平插画，颜色以平铺的形式来展现，通过不同的颜色来区分物体结构。其优点是颜色丰富多彩，物体造型简练概括；缺点是细节和层次不够丰富，如图6-38所示。为了解决颜色只能平铺的问题，可以通过深浅颜色的堆叠表现物体的光影效果，再添加杂点体现肌理效果，如图6-39所示。通过渐变和颜色的递进可以体现画面的纵深感，通过杂点可以增加质感、丰富画面细节，以此解决矢量插画细节和层次不够丰富的问题，如图6-40所示。

图6-38

图6-39

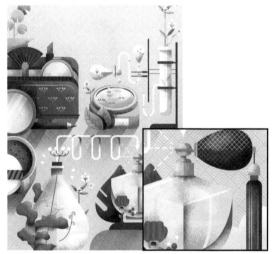

图6-40

第3节 数字绘画案例

数字绘画的种类有很多，不同的领域需要的绘画风格各不相同，以下将介绍扁平插画、2.5D插画、渐变风格插画3种不同风格的绘画案例，以及它们各自的特点、属性和适用范围等，以便读者更好地了解数字绘画。

案例1：扁平插画

扁平插画是目前非常流行的插画之一，如图6-41所示。扁平插画的特点是利用几何图形和不规则的图形构造画面，去除画面中多余的透视、光影，让主题内容抽象和简约。扁平插画虽然造型简练，但能很好地表达画面主题，画面具有装饰性、识别度高、易上手、视觉感强，所以无论是互联网设计项目，还是平面印刷项目都大量使用扁平化的设计风格。

目前互联网流行的人物插画主要是人物比例夸张、头小身子大的风格，这种风格造型简约、主题表达清晰，对于没有绘画基础的人来说简单易上手，并且耗时短、效果好，如图6-42所示。下面就以扁平风格的人物插画为例来讲解在Illustrator中绘制插画的一些方法和技巧。

图6-41

图6-42

1.寻找参考照片画线稿

画画之前，我们需要上网寻找图片作为参考，建议寻找人物肢体动作丰富的图片，正面图、特写图、动作不完整的图片都不适合作为参考，如图6-43所示。可以根据参考图片在一张白纸上画出线稿，再用手机拍照或扫描的形式把线稿录入电脑中，如图6-44所示。

图6-43

图6-44

2.用钢笔工具描线

在Illustrator中新建一个文档，拖曳线稿图到文档中，将图片调整到与画布同等大小后嵌入画布并锁定，用钢笔工具根据线稿进行绘制。用钢笔工具进行勾线时，注意钢笔路径要闭合，以便后面填色，尽量少使用锚点来保证曲线的流畅。勾线完成后效果如图6-45所示。

3.填色

给各部分填充相应的颜色，把颜色放入色板可以使之后填充相同的颜色更方便。填色时可以单击鼠标右键，按快捷键"Ctrl"+"【"前移一层或按快捷键"Ctrl"+"】"后移一层可调整元素之间的叠放关系。当填色过程中移动不了锚点的位置时，可以执行"视图-对齐像素"命令，取消对齐像素的命令，就可以移动了。使用矩形工具和椭圆工具可以添加画面中的细节，如眼镜、耳环和一些装饰元素等。填色完成后效果如图6-46所示。

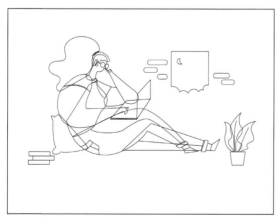

图6-45

图6-46

4.用杂点表现阴影，丰富整体画面

　　复制要添加杂点的对象，再原位粘贴，通过"颜色"面板加深其颜色。打开"透明度"面板来建立蒙版，单击"制作蒙版"按钮，勾选"剪切"和"反相蒙版"选项，接着选择蒙版，原位粘贴复制的对象，即将图形原位粘贴到蒙版上，当前状态是开启蒙版状态，只能对蒙版进行操作。调出"渐变"面板，单击"渐变色"按钮，使用渐变工具调整渐变方向、控制深色的显示范围。执行"效果－纹理－颗粒"命令，颗粒类型选择"点刻"，设置颗粒的强度和对比度，深色区域就变成了杂点效果，用渐变工具可以调整杂点的范围和位置。单击"透明度"面板的图形按钮，可以退出蒙版状态，正常选择其他图形。添加人物细节，用椭圆工具绘制一个圆，为圆添加一个中心为红色的径向渐变。最后为画面整体添加一层杂色。制作完成后效果如图6-47所示。

图6-47

案例2：2.5D 插画

　　2.5D插画，也叫2.5D轴侧等距插画，这种插画风格的流行源于一款游戏——《纪念碑谷》。该游戏的场景是采用2.5D插画的风格来构建的，2.5D插画对于创造立体空间、营造立体氛围特别有帮助，还可以结合现实中的建筑加以联想，使场景插画更有表现力，如图6-48所示。

　　2.5D插画与设计结合，常出现在海报、专题页、引导页、闪屏、banner中，如图6-49所示。

图6-48

图6-49

在Illustrator中绘制2.5D插画通常有两种方法：一是建立网格，用钢笔工具依据网格进行绘制；二是使用Illustrator中的3D功能。下面的案例将用到这两个方法来绘制2.5D插画。

1. 绘制草图

在纸上绘制好草图，用手机拍照或者使用扫描仪把草图变为电子版图片，将电子版图片置入Illustrator中，将图片调整成和画布大小一致后嵌入画布并锁定，如图6-50所示。

2. 绘制网格

绘制网格作为2.5D插画的辅助线。在工具箱中选择矩形网格工具，单击画布，在弹出的"矩形网格工具选项"对话框中设置网格大小和水平、垂直分割线的参数。把网格移到画布中，设置网格的旋转角度、高度，以及描边颜色、粗细。降低网格的不透明度，大概能看清辅助线就可以了。新建一个图层，把网格放到新建的图层上面，锁定图层，避免后期操作时不慎移动网格。

3.制作3D效果

使用矩形工具结合3D效果来制作2.5D插画，设置好位置和凸出厚度的参数，绘制出建筑的大致轮廓，效果如图6-51所示。

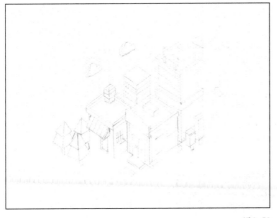

图6-50

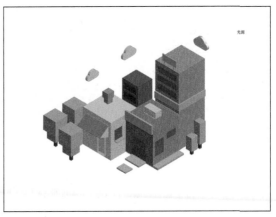

图6-51

4.扩展外观，重新填色

选中立方体，执行"对象－扩展外观"命令，把立方体扩展为可编辑的图形，分别给每个图形填充颜色。填色过程中若发现有的图形被分割成很多块，不便于填色，就可以使用套索工具进行填色。最后设置一个背景，将背景置于最底层并锁定。完成效果如图6-52所示。

5.用钢笔工具绘制细节，添加文字

用选择工具选择要添加细节的图形，例如屋顶，将屋顶的图形原位复制粘贴两次，对其中一个粘贴图形执行"对象－路径－偏移路径"命令，用偏移路径缩小图形，将缩小的图形和未缩小的图形相减，得到等宽的矩形框。如果不使用这种方法，而是使用常用的方法，复制粘贴图形，直接等比例缩小图形再相减，则得到的框不等宽。用矩形工具绘制出细节，增加立体感，屋顶的细节就添加好了。用矩形工具绘制出其他细节，需要内部绘图时注意要将图形彻底取消编组，取消到不能再取消为止。用偏移路径将其放到建筑物下方，放置在最后一层可以给建筑添加投影，细节都绘制完后，用文字工具添加文字，提高作品完成度。完成效果如图6-53所示。

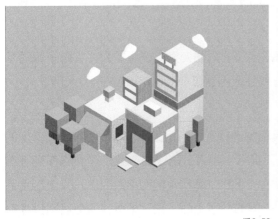

图6-52

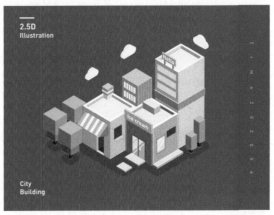

图6-53

案例3: 渐变风格插画

色彩在设计表现中尤为重要，而且大众对于色彩的认知和喜好是不断改变的。扁平化的配色方案已经不能满足大众需求了，所以在插画设计中出现了渐变插画，如图6-54所示。渐变风格插画运用邻近色、对比色和前后虚实关系来打造画面的色彩效果，运用渐变的颜色表现画面的层次感。渐变风格插画的画面视觉稳重而大气，细节丰富细腻，视觉冲击力强，因此多用于绘制风景画和偏写实的作品。

图6-54

下面来绘制渐变风格插画。

1. 找参考图

在找参考图时，建议找一张有近景、中景和远景，并且画面不杂乱的图片。

2. 绘制草稿

根据参考图绘制草图，用手机拍照或者使用扫描仪把草图变为电子版图片，将电子版图片置入Illustrator中，将图片调整成和画布大小一致，嵌入画布并锁定，如图6-55所示。

3. 用钢笔工具勾勒草稿

新建一个图层，用钢笔工具沿着草图的线条进行勾勒，勾线时尽量使用闭合路径，以便后期填色。可以一边勾线一边优化草图，如添加一些山峰来使画面更丰富，把树的形状设置成有弧度的形状等，使整体画面更协调。

4. 给山坡和草地平铺颜色

打开"色板"面板，新建颜色，把颜色保存在色板中。选中对象，去掉描边颜色，为对象填充颜色，要注意近处的草坡和远处的山在同色系的情况下又需要略有区别。填色的同时可以调整一下对象的排列关系。完成后效果如图6-56所示。

图6-55

图6-56

5.添加渐变色

选中对象后，打开"颜色"面板，用
"渐变"面板应用存储的颜色，在原有颜色的
基础上用HSB加深颜色，形成由深至浅的渐
变色，最后用渐变工具调整渐变方向。

6.添加杂点，增加质感

用矩形工具绘制一个和画布同等大小的
矩形，给矩形填充黑色，执行"效果－纹理－
颗粒"命令，颗粒类型选择点刻，设置颗粒
的强度和对比度；打开"透明度"面板，将
混合模式改为叠加，设置适当的不透明度，
杂点就添加好了。最终效果如图6-57所示。

图6-57

知识拓展　蒙版与实时上色

数字插画中还可以用蒙版与实时上色功能来辅助绘制，提升绘制效率。

1.蒙版

蒙版的作用是显示和隐藏图形的某一部分。

蒙版主要有3种类型：内部绘图、剪切蒙版和不透明蒙版。

内部绘图

在绘制图形后，单击工具箱中的"内部绘图"按钮，再在绘制好的图形内部绘制图形，
此时延伸至先前绘制的图形外部的元素将被遮挡，如图6-58所示。

剪贴蒙版

绘制好图形后，将作为外轮廓的图形置于顶层，选中该图形，单击鼠标右键，执行"建
立剪贴蒙版"命令，即可将位于下层的图形置入该图形内部，如图6-59所示。

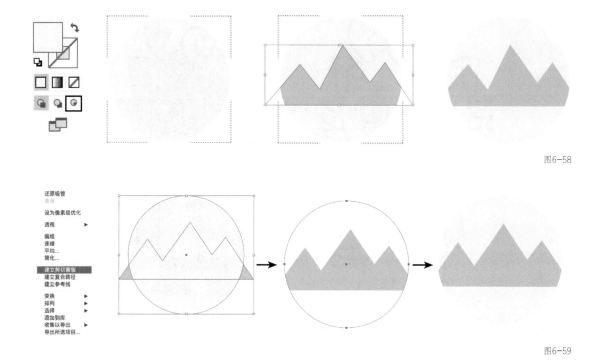

图6-58

图6-59

提示 有别于在Photoshop中创建剪贴蒙版，在Illustrator中创建剪贴蒙版时，位于上方的图形起裁剪作用。

不透明蒙版

不透明蒙版与Photoshop中的蒙版类似，白色表示显示，黑色表示隐藏。

在制作蒙版效果前，需要准备两个对象：一是想要显示的对象；二是准备用作蒙版的对象。准备好后将用作蒙版的对象覆盖到想要显示的对象上方。打开"透明度"面板，勾选"剪切"选项，即可完成蒙版效果，如图6-60所示。

不透明蒙版的优点是不仅能显示和隐藏对象，还能产生过渡效果。

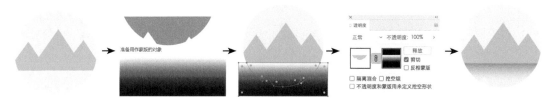

图6-60

2.实时上色

实时上色主要用于给图形临时上色，上色的对象必须是闭合路径，如图6-61所示。实时上色不是真正意义上的填充，是对图形临时上色。系统是根据轮廓线来计算上色效果的，轮廓线不是填充了颜色的图形，要想使其变为填充了颜色的图形就需要使用扩展功能，使用扩展功能后的插画有些功能就不能继续使用了，例如改变描边的粗细等。按"←"或"→"键可以切换实时上色颜色的明暗，按"↑"或"↓"键可以切换颜色的色相。

图6-61

本课模拟题

1.单选题

下列哪张图像最能代表三分式构图？（　　　）

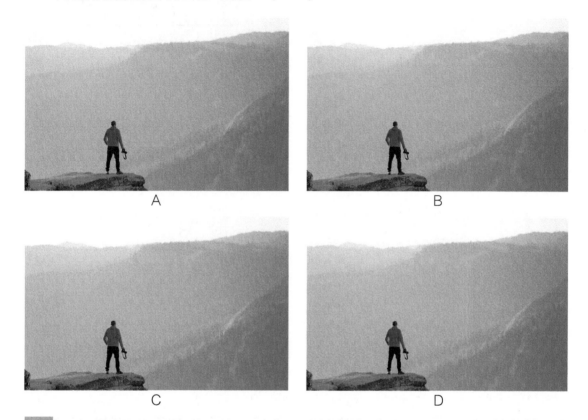

提示 三分式构图是一种在摄影、绘画、设计等领域经常使用的构图方式，有时也称作井字构图法。三分式构图是指把画面纵横各分成了三等份，每一个交叉点都可放置主体形态，这种构图适宜多形态平行焦点的主体。将场景用两条竖线和两条横线分割，就如同书写中文的"井"字。这样就可以得到4个交叉点，然后再将需要表现的重点放置在4个交叉点中的一个即可。

参考答案

本题的正确答案为D。

2.操作题

请使用文件中的花朵图案创建一个新的画笔，要求设置10%的间距，其他选项保持默认设置，命名为"花花画笔"。

操作步骤

（1）确保工具栏中选择工具处于选取状态，选择花朵图形。

（2）执行"窗口－画笔"命令，打开"画笔"面板。

（3）单击面板右下角的"新建画笔"图标，选择"图案画笔"，单击"确定"按钮。

（4）将间距更改为10%，名称输入"花花画笔"，单击"确定"按钮。

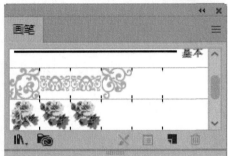

作业：森系插画设计

请自行确定画面主题，绘制一幅森系插画。

核心知识点 构图、色彩搭配、纹理的使用。

尺寸 自定。

颜色模式 RGB模式。

作业要求

（1）需要自行寻找插画创作的灵感和素材。

（2）需要熟悉Illustrator中的各种插画绘制
工具和功能。

（3）作品要有森系插画的风格特点，可参考
右侧插画作品。

插画设计参考图

第 **7** 课

版式设计

使用Illustrator进行版式设计是很广泛的应用。本课
将从多个角度入手讲解版式设计，包括认知方面、制
作思路，还有版式设计要遵循的原则。原则方面会详
细讲解每个原则的概念、作用等，还将通过实操案例
使读者更好地掌握这些原则。

第1节 做好版式设计的3个步骤

要做好版式设计，首先需要提升自己的审美能力，再提升借鉴、吸收、转化优秀作品的能力，还需要熟练掌握版式设计的四大原则，才能呈现更好的设计作品。以下分解为3个步骤进行讲解，分别是提高认知、学会融合和遵循版式设计原则。

知识点1 提高认知

认知指的是认知范围，包括对知识的认知、对万物的认知、对世界的认知、对设计的认知等。认知是眼界的一部分，眼界决定着境界，作品的质量只能达到平时看到的作品的高度。

如果一个打印店的设计师每天只做简单的广告牌，对优秀的设计眼界不够，就没有办法提升审美制作出好的设计作品。相对于普通大众，设计师会更加充满好奇心，善于细致地观察生活中的人和事物，用创新的方式去解决问题。都说"眼睛是心灵的窗户""用眼睛发现美"，所以提升审美的第一步是多看。站酷网、花瓣网这些网站都有高质量的设计作品，如图7-1所示。建议大家每天多浏览优秀作品，浏览作品时要打破定式思维，不要局限于自己的喜好，如果只关注自己认知的范围，就无法提升自己的境界。

图7-1

成功的设计师往往会从多方面来提升自己，看设计作品时不局限于自己的设计领域，也会看其他领域的设计作品，如平面设计、服装设计、工业设计、包装设计等，如图7-2所示，以此来感悟不同形式的设计方法。

图7-2

如果我们看了很多的优秀作品，如图7-3所示，自己的审美水平得到了提高，认知范围也得到了扩大，但是做设计的时候还是常常感到迷茫、没有想法，也不会独立思考，那么可能有以下3个原因。

（1）不愿意打破定式思维走出舒适区。

我们需要刻意地练习不擅长的方面，比如字体设计是短板，就要刻意地练习字体设计，虽然过程很痛苦，但这是成长的必经之路。

（2）浏览量不够，只会按照自己的认知去做东西。

解决办法是多看优秀的设计作品，跳出自己的思维界限，看作品的同时要分析作品里有什么地方可以借鉴到自己的设计里。

（3）闭门造车，懒于借鉴却又做不出什么亮点，造成工作效率低，结果不尽如人意。

在自己没有审美能力和创作能力之前，借鉴是最好的方法，借鉴他人作品能为我们所做的项目找到灵感和突破口。优秀的设计师往往很擅长从别人的作品中借鉴设计方法、寻找创作灵感。

图7-3

知识点2 学会融合

1. 1=1 等于临摹

做好设计的第二步是学会融合，临摹是学会融合的基础。临摹指的是至少还原原作品的

80%，如图7-4所示。无论是学习设计的学生还是新手设计师，临摹是掌握设计要领的必经之路，是快速提升设计能力的途径。建议临摹大师的作品，临摹过程中可以学习大师的设计思维、排版构图、素材的选用、色彩和表现手法等。在看了大量的设计作品以后，会碰到一些作品在构思和表现手法上很相似，但又有很多不相同的地方。

图7-4

2. 10=1 等于融合

学会融合可以理解为学会借鉴，是设计师寻找灵感快速完成作品的一个必备方法，在日常看作品时，也要收集作品作为自己的素材库，定期整理分类，当发现以往收集的作品不好看时，说明审美水平有所提升。为相似作品添加备注，可以在工作时快速找到素材，如图7-5所示。看作品，找设计方法，总结归纳别人的方法，进而转化为自己的方法，与设计同行多交流，开阔自己的眼界和思维，才能够提升自己的设计能力。

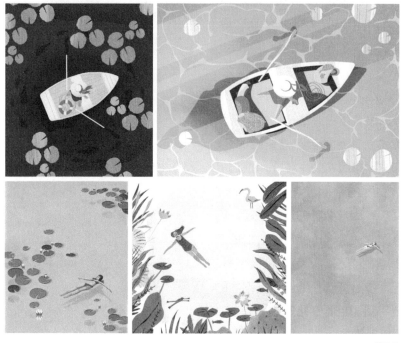

图7-5

知识点3 遵循版式设计原则

做版式设计的时候需要遵循版式设计的4个原则，分别是：亲密性原则、对齐原则、对比原则、重复原则。

亲密性原则： 相关内容在一起，通过物理距离来靠近各元素，使它们看起来像一个整体。

对齐原则： 不要随意摆放元素，每个元素之间都存在视觉联系。

对比原则： 不同内容做对比，达到吸引读者的目的。

重复原则： 同一内容使用相同设计，达到一致性的目的。

第2节 亲密性原则

亲密性原则是指将彼此相关联的内容在物理位置上更靠近些，使单一的对象成为一个群体，这有助于组织信息，减少混乱，为读者提供清晰的结构。在生活中也经常能看到利用亲密性原则提高效率的做法，如超市中商品的摆放就是将相同属性的商品放置在同一个区域，方便客户挑选，从而提高购买效率，如图7-6所示。

图7-6

新手设计师经常会将文字、图片和图形四处乱摆，版面没有留白，这样的排版杂乱无章，读者无法快速看到自己需要的信息。亲密性原则在文字排版中的主要作用是让信息分组呈现，使页面变得更有条理。图7-7所示的一段文字，每行文字都凑在一起，无法看出文字之间的关系，可读性差。根据亲密性原则将这段文字重新分组、设置字号，形成视觉单元，按照标题级别与正文不同的亲疏关系设置不同的距离，就形成了清晰的结构，如图7-8所示。

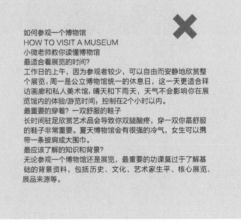

图7-7

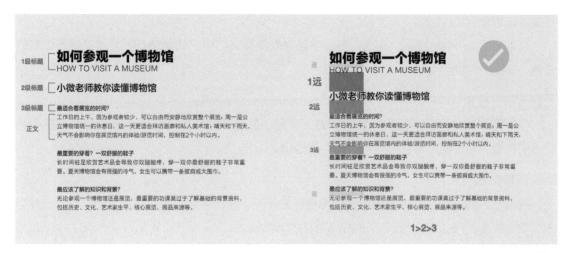

图7-8

下面分析几个案例来进一步了解亲密性原则。

图7-9所示的一个图书banner，拉大了信息组之间的间距来形成清晰的结构，banner上面的信息共分成了3组，通过间距的不同可以清楚地看出它们之间的亲密性关系。

图7-9

除了通过间距控制信息的亲密性，还可以添加设计元素建立组合关系，通常用到的设计形式有线条、形状、色彩，通过这些设计形式得到的效果比用单一的间距控制亲密性关系要好得多，如图7-10所示。

图7-10

案例：亲密性原则版式设计

下面我们运用亲密性原则来做一个版式设计案例，加深对亲密性原则的理解。

1. 初步信息分组

在 Illustrator 中新建一个文档，把文字素材复制到文档中，先用空行的方式来进行信息的分组，如图 7-11 所示。

2. 设置拆分标题

将标题和正文分开，设置标题的字体、字号、颜色，把标题的文字进行拆分，放在中心醒目的位置，通过图形将它们连在一起，形成组。

3. 设置其他信息

把展览时间、地点、内容等其他信息放在左下角。按照亲密性原则排版，使它们各自成为一个视觉单元，形成清晰的结构，做出清晰的阅读引导。

4. 用图形框装饰文字

绘制一个矩形框，填充黄色，置于底层并锁定对象作为背景。在文字下面绘制图形框，设置图形框的填充颜色和描边颜色及粗细，将其置于背景和文字的中间一层，将图形框与文字进行居中对齐，如图 7-12 所示。

5. 添加线条丰富画面

最后在标题字的旁边加入有颜色的图形块，如图 7-13 所示。用直线段工具添加一些线条，编组后执行"对象-变换-倾斜"命令，用内部绘图在图形块内部增加斜线和波纹线，增加活泼感和趣味性，最后用矩形工具制作底部的暗纹来丰富画面，案例就制作完成了，如图 7-14 所示。

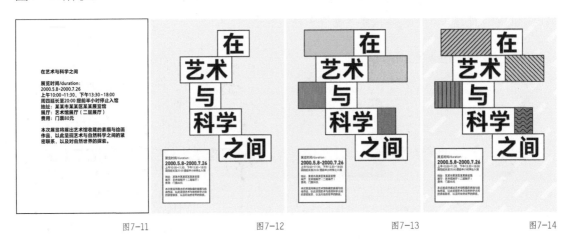

图7-11　　　　　　　　图7-12　　　　　　　　图7-13　　　　　　　　图7-14

第3节 对齐原则

对齐原则是指页面上的任何元素都不要随便摆放，每一个元素都应当与页面上的某个内容存在视觉联系。在生活中，对齐原则的应用无处不在，如图 7-15 所示。

图7-15

知识点1 对齐的作用——让作品整齐有序

对齐是为了让画面更加整齐，更具有观赏性，让人的目光聚焦在对齐的位置上，能更好地传达信息内容，如图7-16所示，左图中的设计元素参差不齐，页面杂乱无章，会影响读者阅读。右图合理地运用了对齐原则，为画面营造了秩序感，能更好地传达信息。使用对齐原则排版不仅更符合读者的视觉习惯，降低读者的阅读负担，还可以通过不同的对齐方式来组织页面中的信息，让页面看起来更加严谨有序。

图7-16

知识点2 常见的对齐方式

常见的对齐方式有左对齐、两端对齐末行左对齐、右对齐、居中对齐、两端对齐，如图7-17所示。虽然对齐的方式有很多，但并不意味着可以在一个页面中使用多种对齐方式，这样会使页面中的内容看起来很凌乱，而使用一种对齐方式会使页面看起来统一和有条理。

| 左对齐 | 两端对齐末行左对齐 | 右对齐 | 居中对齐 | 两端对齐 |

图7-17

左对齐： 由于我们的书写习惯和阅读顺序大多是从左往右，所以左对齐是最常用的一种对齐方式，左对齐的缺点是容易造成右边留白过多，但这种对齐方式不破坏文字本身的起伏和韵律，能保证较好的阅读体验，如图7-18所示。

两端对齐末行左对齐： 大段文字一般使用两端对齐末行左对齐的对齐方式，这种对齐方式会使段落看起来十分工整，使版面清晰有序，多用于杂志、画册、图书等文字较多的场景中，如图7 19所示。

右对齐： 右对齐与左对齐的方向刚好相反，每一行的起始位置都是不规则的，造成阅读困难。这种对齐方式使用频率不是很高，只适合文字量少时，往往是为了配合页面中的图形、图片建立某种视觉联系，以获得版面上的平衡才可能采用，如图7-20所示。

图7-18　　　　　　　　　　　　　　　　图7-19　　　　　　　　图7-20

居中对齐： 这种对齐方式会使文字左右两边不规则，造成阅读困难，适用于标题和少量文字的编排。在版面上使用居中对齐会显得正式、稳重，但也中规中矩，除非页面是经过精心设计、设计目的明确，否则不使用居中对齐，如图7-21所示。不建议初学者使用居中对齐。

两端对齐： 调整字间距，使文字两端强行对齐，以达到工整严谨的效果。图7-22所示的图片就采用了两端对齐的方式，让文字信息部分更加工整、视觉感更强。

其他对齐方式： 明白对齐原则后可以有意识地打破固定规则，但在大范围内依然要遵循对齐原则。如分散对齐是使用构图和空间分割的原理，用多种对齐方式进行编排，图中的各部分内容对齐方式各不相同，却可以使信息层级更清晰、设计感更强，如图7-23所示。弧形对齐是沿着图形的外轮廓做对齐，使对齐边缘不规则起伏，如图7-24所示。倾斜对齐是根据版面空间做倾斜摆放，使版面更加有律动感，如图7-25所示。

图7-21　　　　　　图7-22　　　　　　图7-23　　　　　　图7-24　　　　　　图7-25

知识点3　对齐的细节——物理对齐和视觉对齐

对齐的根本目的是让页面统一有条理，其又分为物理对齐和视觉对齐，物理对齐是指用物理直线来衡量元素之间是否对齐；视觉对齐是指视觉感官上的对齐。当物理对齐不能带给我们对齐感觉的时候就需要使用视觉对齐。图7-26中的正方形和圆已经物理对齐了，但视觉上看起来它们并没有对齐，感觉圆比正方形小，这时需要将圆略微放大，和正方形达到一个视觉平衡，如图7-27所示。

文字之间的对齐

文字之间的对齐分为3种情况，分别是中文之间的对齐、英文之间的对齐、中英文之间的对齐。中文属于方块字，物理对齐就可以；英文的字体形态不同，在物理对齐的同时，有时也需要视觉对齐；中英文之间的对齐在物理对齐的同时也要视觉对齐。数字也是同样的方法，如图7-28所示。

物理对齐

视觉上没对齐
圆看起来比正方形小

视觉对齐

圆略微放大
两个图形达到视觉平衡

图7-26　　　　　　　　　　　　　　　　　　　图7-27

1. 中文之间的对齐

如何参观一个博物馆

使用手机就足够满足拍照记录的需求；过于专业笨重的单反相机反而会成为看展览过程中的负担。

物理对齐

2. 英文之间的对齐

How to visit a museum

When communicating with partners, whisper in a low voice, and do not point your fingers at the exhibits.

物理对齐
有时需要视觉对齐

3. 中英文之间的对齐

同伴交流时，低声耳语，不要用手指指向展品。

When communicating with partners, whisper in a low voice, and do not point your fingers at the exhibits.

1234567890

物理对齐
同时需要视觉对齐

图7-28

文字与图形之间的对齐

文字与图形之间的对齐分为两种情况：一种是看起来较轻的线条图形和文字的对齐，使用物理对齐时看上去不够工整，需要将线条图形略微放大或者向前移动一些位置，达到视觉对齐；另一种是看起来较重的块状图形和文字的对齐，进行物理对齐就可以，因为视觉差的缘故，块状图形比文字显得大，弥补了视觉上的不平衡感，如图7-29所示。

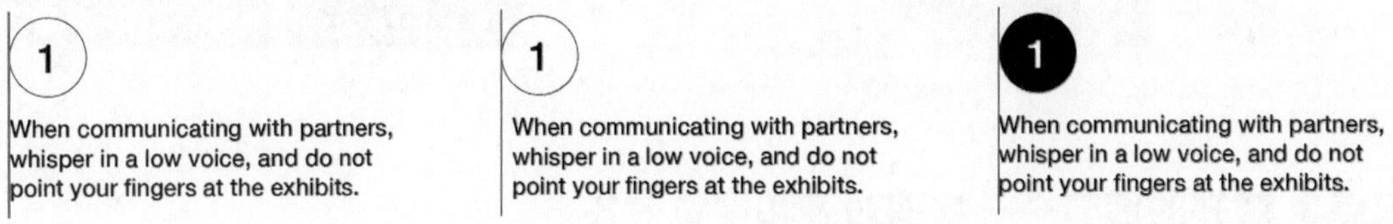

物理对齐
视觉不对齐

视觉对齐

物理对齐

图7-29

案例：对齐原则版式设计

下面运用对齐原则做一个版式设计案例，加深对对齐原则的理解。

1. 初步信息分组

在Illustrator中新建一个文档，把文字素材复制到文档中，理清文字素材的内容结构，分清其内容层级。用空行的方式来进行信息的分组，如图7-30所示。

2. 设置标题

将标题和正文分开，设置标题的字体、字号、颜色。标题应该是最醒目的信息元素，所以选择比较大的字号，并且进行加粗设置，如图7-31所示。

3. 设置其他信息

在保证版面整齐的情况下，尝试多种对齐方式。将展览时间、地点、内容等其他信息拆为两部分：一部分放在左边使用左对齐；另一部分放在右边使用右对齐，并根据信息重要性设置字体、字号、行距等。设置好一部分后，可以用吸管工具吸取文字属性运用于其他文字。

4. 用图形框装饰文字

在各部分添加圆角矩形框。在小标题处也绘制圆角矩形框，将圆角设置为最大，将图形框与框内文字进行居中对齐。把这些内容分别进行编组，框选右边的内容，使用垂直分布对齐，使各部分文字的间距保持一致，使画面看上去更整齐，如图7-32所示。

5. 添加图形丰富画面

为文字添加黄色矩形块，为小标题添加白色矩形块，再绘制一些装饰性图案，移动矩形块形成错位效果，最后绘制一个矩形，打开色板，单击"色板库"按钮，执行"图案-基本图形"命令，添加一个网格背景，调整不透明度弱化纹理，将矩形置于底层作为页面的背景，版式设计就完成了，如图7-33所示。

图7-30

图7-31

图7-32

图7-33

第4节 对比原则

对比原则是指增强元素之间的差异性，吸引读者的眼球，如图7-34所示，更好地展现不同信息的重要程度。要想实现有效的对比，那对比就必须强烈。对比形式是多种多样的。图7-35运用的是大小对比的方式，标题大、内文小，很明显地体现出了层级关系。图7-36运用的是颜色对比的方式，图片主体是黑色标题加入了相同大小不同颜色的文字，与黑色字体形成颜色对比。

图7-34

图7-35

图7-36

通过对比可以使版面信息的层级结构更加清晰，强烈的对比关系可以形成视觉落差，增强版面的节奏感和明快感。同一个版面中可以使用多种对比方式，例如图7-37中，使用了文字大小对比、笔画粗细对比、颜色对比。图7-38体现的是文字间的疏密对比，图7-39体现了文字笔画的粗细对比。

149

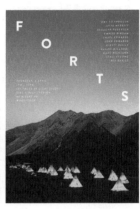

图7-38

图7-37

图7-39

对比的作用是明确信息层级，图7-40中将标题放大、正文字号缩小，加大标题和正文的对比，让文字信息一目了然，读者首先会关注被放大字号的标题，了解关键信息，感兴趣则会进一步阅读正文，这样可以帮助读者节约阅读时间。通过对比，在画面上制造焦点，可以把读者的注意力吸引到主体部分上，以此提高版面的注目效果，如图7-41所示。还可以使文

图7-40

图7-41

字的方向、大小和色彩形成对比，为主体文字打造立体感，给版面注入活力，使主体更加抓人眼球，吸引读者注意力，如图7-42所示。

图7-42

案例：对比原则版式设计

下面运用对比原则做一个版式设计案例，加深对对比原则的理解。

1.初步信息分组

在Illustrator中新建一个文档，把文字素材复制到文档中，理清文字素材的内容结构，分清其内容层级。用空行的方式来进行信息的分组，如图7-43所示。

2.用对比原则划分信息层级

将标题和正文分开，设置标题的字体、字号。把标题字号设置得大一些、笔画设置得粗一些，使之占据版面的一半以上，调整标题的对齐方式。可以按快捷键"Ctrl"+"R"打开标尺，拖曳出参考线来辅助，在空白处添加一些文字信息，设置文字的字体、字号、行距等。

3.给文字信息排版

把正文内容根据标题拆分出来。段落文字使用两端对齐末行左对齐，避头尾集设置成"严格"。将拆分的文本进行排版，通过线条展现亲密性关系。完成后如图7-44所示。

4.制作背景

复制英文字母，将其放大后旋转角度，设置字体颜色，降低不透明度，置于底层；再绘制一个矩形，为矩形填充颜色和纹理图案作为背景，版式设计就完成了，如图7-45所示。

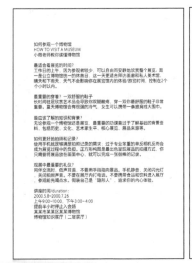

图7-43 图7-44 图7-45

第5节 重复原则

重复原则是指某个设计元素在版面中重复出现，如图7-46所示。这个设计元素可以是图形、形状、颜色、字体、某种格式、空间关系等。使用重复原则既能帮助版面建立秩序感，还可以加强统一，提高阅读效率。在日常生活中经常能看到重复之美，如图7-47所示。

图7-46

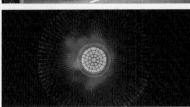

图7-47

知识点 1　重复的作用——体现秩序

创建重复元素可以从标题入手，因为某些标题的级别是一致的。例如图7-48中的三级标题，在层级上是并列关系，但使用了不同的设计元素，使它们看起来没有关联，导致版面缺乏统一性。同一级别的标题或文字内容需要采用相同的文字样式，在字体、字号、字重、特殊效果等属性上都要保持一致，这样会使版面信息清晰有序，如图7-49所示。

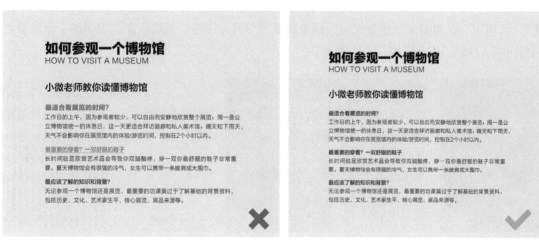

图7-48　　　　　　　　　　　　　　　　　　　　图7-49

案例分析

图7-50所示是图书的版面设计，在整个版面上，同一级别的文字信息采用了相同的文字样式，并且是重复使用的。可以把大量的信息分为3个部分：主标题加文字、色值参数、辅助

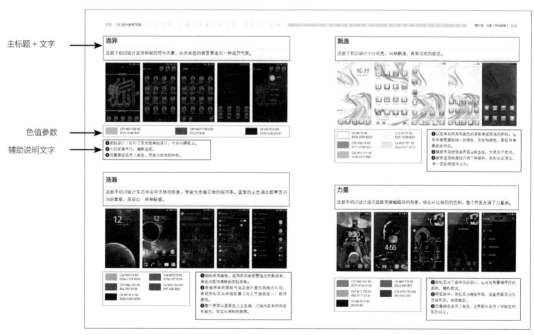

图7-50

说明文字。分成 3 部分以后相同属性的文字内容都使用了相同的文字样式及设计形式，这样可以大大提高阅读效率。

知识点 2　重复中的变化

重复能使版面具有统一性和秩序感，但也会使版面呆板、机械、乏味。在保证版面统一的情况下，可以适当地让设计元素之间有所差异，不规则的重复会让版面生动起来，如图 7-51 所示。在重复中产生变化可以避免版面的单调与平淡，增加版面的趣味性，激发读者观看兴趣，还可以形成反差，突出重点。

    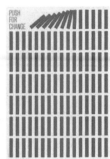

图 7-51

案例：重复原则版式设计

下面将运用重复原则来做一个版式设计案例，加深对重复原则的理解。

1. 初步信息分组

在 Illustrator 中新建一个文档，把文字素材复制到文档中，理清文字的内容结构，分清其内容层级。用空行的方式来进行信息的分组，如图 7-52 所示。

2. 划分层级关系

将标题和正文分开，设置标题的字体、字号和位置。为标题选择比较大的字号，并进行加粗设置，将其放在页面的左上角，与正文形成大小对比和疏密对比。设置正文的字体、字号、行距等。把时间信息拆分出来，将其设置为较大的字体和字号，拆分其他文字内容并排版使它们对齐，通过线条展示亲密性关系，设置完成后效果如图 7-53 所示。

3. 添加装饰性元素

用椭圆工具绘制一个圆，设置圆的描边粗细和对齐方式，将其复制多个并进行排列，改变其中一个圆的样式，使重复中有一些变化，海报的版式布局就做好了，如图 7-54 所示。

4. 设置字体颜色、添加背景

把文字内容和图形设置为相同的颜色，绘制一个矩形并填充颜色，将其置于底层作为背景，海报就制作完成了。效果如图 7-55 所示。

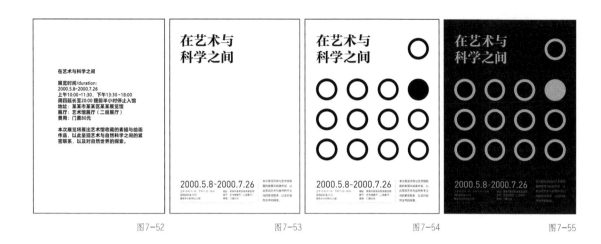

图7-52　　　　　　　　　　图7-53　　　　　　　　　　图7-54　　　　　　　　　　图7-55

第6节　版面的均衡感

　　版面的均衡感是指元素按照视觉效果、力学原理等进行排列组合，这个过程中既有理性的逻辑推理，又有感性因素的参与，如图7-56所示。均衡的版式并不是左右两边的元素完全相同，它是一个相对的概念，指的是视觉上看起来是平衡的。均衡的版面构图分为3类：对称构图、非对称构图和S形构图。在日常生活中，均衡的事物随处可见，如图7-57所示。无论是对称还是非对称的物体，只要达到均衡的状态就能给人一种安全感。

图7-56

图7-57

　　我们也可以把均衡理解成一种稳定，版面是否均衡可以理解为版面是否稳定，构成版面的所有要素都是有"分量"的，面积大小和颜色深浅不同，分量就不同。在设计版面时，需要依据这些元素的分量将其分布到页面上，以求达到整体、统一、和谐。从视觉上看，版面要做到均衡，让读者有舒适感和稳定感，这个作品才算是成功的，如图7-58所示。

图7-58

对称构图：对称构图是以纵向中轴线或横向中轴线为对称轴，在视觉上左右或上下两边相等，经常以居中对齐的形式出现在版面中，如图7-59所示。对称构图给人传递出一种平静感和稳定感，缺点是略微显得呆板。

非对称构图：非对称构图没有明显的对称轴，两边看上去不相同，却具有相同的张力，通过对比体现平衡。非对称设计给人以现代感、力量感、活力感，如图7-60所示。

S形构图：S形构图是指画面上的元素呈

图7-59

S形摆放，这种构图方式有利于帮助元素有规律地占满画面，使画面整体均衡。S形构图比较自由，会让版面更加生动、富有空间感，如图7-61所示。

图7-60

图7-61

案例：版式设计

下面将通过一个版式设计案例加深对版面均衡感的理解。

1. 初步信息分组

在Illustrator中新建一个文档，把文字素材复制到文档中，理清文字素材的内容结构，分清其内容层级。运用亲密性原则进行信息分组和距离调整，如图7-62所示。

2. 将文字内容排版

将标题和正文分开，设置标题的字体、字号和位置。为标题选择比较大的字号，并进行加粗设置，使标题与正文形成大小对比和疏密对比。设置正文的字体、字号、行距等。运用"重复原则"把同一级别的文字设置为相同的文字样式，增加条理性，如图7-63所示。

把一些直排文字设置成竖排，拆分其他文字内容并进行排版，设置文字的字体、字号、颜色等，并将它们对齐。用椭圆工具在"主题展览"几个字处绘制圆，设置圆的描边粗细，设置圆之间、圆和圆内文字之间居中对齐。完成后效果如图7-64所示。

3. 添加装饰性元素

在左下角用椭圆工具绘制两个大小不同的圆，用混合工具设置步数，设置描边粗细，拖曳复制圆并改变方向，把小圆嵌入大圆里面，重复此操作，制作一个装饰性图。

4. 添加背景

绘制一个矩形并填充颜色，将其置于底层作为背景，案例就制作完成了。效果如图7-65所示。

图7-62

图7-63

图7-64

图7-65

本课模拟题

1.单选题

使用哪种功能可以快速将原版式（Before图示）处理成新版式（After图示）的效果？（　　）

A. 悬挂缩进

B. 悬挂标点符号

C. 文本左对齐

参考答案

本题的正确答案为B。

2.单选题

在Illustrator中使用哪一种"混合对象"选项或功能可以实现从左图（Before图示）到右图（After图示）的效果？（　　）

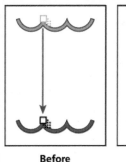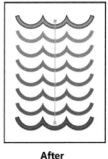

A. 在两对象间平均分布形状

B. 在两对象间平滑分布对象

C. 应用对齐页面选项

D. 应用对齐路径选项

参考答案

本题的正确答案为A。

作业：端午节海报设计

根据对齐原则、对比原则、亲密性原则、重复原则及版式的均衡感设计端午节海报。

核心知识点 版式设计的对齐原则、对比原则、亲密性原则、重复原则及版式的均衡感。

尺寸 210mm×297mm。

颜色模式 RGB模式。

海报内容

全民迎端午 欢乐粽动员（主标题）

又是一年端午节，粽叶飘香五月五（副标题）

活动时间 6月3日

活动地点 班级教室

活动内容关于端午节由来的知识、端午节习俗体验、端午节诗词赏析

作业要求

（1）需要自行寻找海报创作的素材。

（2）需要熟练运用Illustrator中的文字、形状工具。

（3）作品需要符合版式设计的**对齐原则、对比原则、亲密性原则、重复原则和版式的均衡感**。

第 **8** 课

运营设计

互联网市场环境竞争激烈，各种运营活动的创意设计层出不穷，使得用户对互联网产品视觉设计的要求越来越高，运营设计应运而生，并成为热门职业。本课将对运营和运营设计的概念、运营设计的分类和特点、高效做运营设计的方法等知识进行讲解，让读者了解运营设计的基础知识，再结合案例让读者掌握使用Illustrator进行运营设计的方法。

第1节 运营和运营设计的概念

互联网市场环境千变万化，为了实现拉新、留存、促活、转化的目标，就要不断策划很多有创意的专题运营活动，要想活动能抓住用户心理，吸引用户参与，运营设计尤为重要。优秀的运营设计同时也会加深用户对品牌的认知度，提升品牌价值。

知识点1 运营是什么

运营是一项从内容建设、用户维护、活动策划3个层面来管理产品内容和用户的职业。简单来说，运营就是负责已有产品的优化和推广，如图8-1所示。

知识点2 运营设计是什么

运营设计是围绕产品的优化和推广做一系列的设计，其目的是吸引用户参加活动，或加深用户对互联网产品的印象，使用户产生参与行为，如图8-2所示。所以，运营设计师在保证画面具有美感的同时，还需要具备运营思维。

图8-1

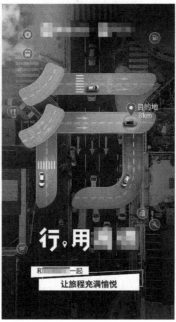

图8-2

第2节 运营设计的分类和特点

为了经营和推广产品，运营人员需要策划很多活动，并根据不同的宣传周期和运营目的给设计师安排运营设计的任务。运营设计主要分为活动运营专题设计和品牌运营专题设计。

知识点1 活动运营专题设计

活动运营专题设计生命周期短，主要是为了拉动转化率而策划的即时性活动，大促、节日、福利的运营专题都属于这类，例如"618""双11"、元旦节等特殊节日的活动。此类设计需要有较强的视觉冲击力，用色大胆，设计元素夸张，能够有效刺激消费者购买，提高购买转化率，如图8-3所示。但是这类设计风格不适合长周期运营，元素繁多的设计容易造成视觉疲劳。

图8-3

知识点2 品牌运营专题设计

品牌运营专题设计生命周期长，主要是针对产品的某个系列做专属的展示，指向性明确，它能够辅佐产品官网，对首页展示不全面的内容进行重点诠释，巩固和加深用户对产品的信任感。这类设计在风格上简洁、大气，设计元素沉稳，颜色通常使用标准色，如图8-4所示。

品牌运营专题设计比较适合响应式网页构架，响应式网页构架的优势在于可以适配不同的终端，并且不影响视觉效果。考虑到响应式网页构架，在设计品牌运营专题时都会采用首屏大图或大篇幅背景底色，让专题页在任何终端上都占据首屏的显示，从而吸引用户眼球。

品牌运营的规范性设计、干净简练的设计元素、沉稳的色彩使用户在浏览时较为舒适，适合长周期运营，但由于品牌运营的侧重点在于宣传品牌，所以运营氛围会相对弱一些。

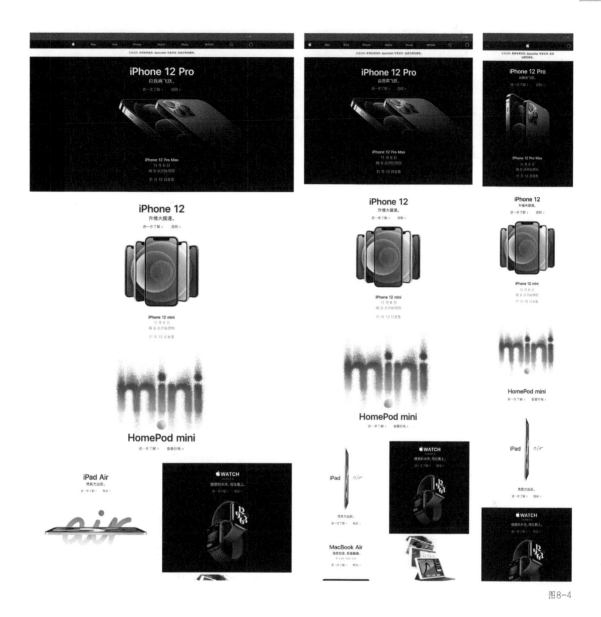

图8-4

第3节 高效做运营设计的方法

　　互联网更新迭代迅速，市场竞争激烈，工作量大且设计制作时间短，这些都要求设计师的工作效率非常高。如何在时间紧迫的情况下高效率地完成高质量的设计作品，成为设计师急需解决的问题。在拿到设计项目时需要对项目进行分析，只有思路清晰、目标明确，才能高效完成设计作品。

知识点1 项目分析

　　设计师需要跟产品或运营经理沟通，了解活动的主要目的是什么，以便有一个考虑的方向。

运营活动通常有4个目的——拉新、留存、促活和转化。**拉新**指的是推广产品，进行品牌曝光，提高产品的下载量和注册量，增加更多的新用户。**留存**指的是产品上线后维持用户的留存率，这是运营的重要任务。精准的个性化运营，可以建立和维护产品与用户的关系，收集用户反馈并完善产品，培养用户的行为习惯。**促活**指的是用户的留存率稳定后，就需要做好用户活跃。做活动就是一个很好的方式，活动的内容形式可以是节假日促销、网络促销，也可以通过日常活动促销进行用户活跃，如图8-5所示。**转化**指的是为产品实现营收，实现用户转化、变现，这是运营的最终目的。转化方式通常是通过运营位收取广告费，为用户提供增值服务，使用户购买对应的增值产品。对于电商产品来说，研究用户行为习惯很重要，例如用户将某商品放入购物车却没有购买，根据这一行为可以提供优惠券，刺激用户的购买行为。

了解活动的目的后，接着需要了解活动所针对的目标群体。群体不同，使用的设计风格也不一样，例如针对青少年用户，设计风格活泼和积极向上，如图8-6所示；针对女性用户，设计风格则柔和、小清新；针对男性用户，设计风格则表现得有张力等。精准了解用户可以更好地确定设计风格。

知道用户类型以后，进而需要分析用户的行为习惯、爱好和兴趣等，得出创意思路。将创意思路转换为关键词，通过关键词搜寻参考图，为设计执行做准备。

图8-6

图8-5

知识点2 设计执行

为了让用户一目了然地看到重要信息，运营设计的文案信息量不会太大。运营设计的内容主要包括：活动主题、辅助信息和主视觉图。

1. 设计执行的第一步：构图

　　按照文字与图片的关系可以分为左字右图、左图右字、上下构图和文字主体构图，如图8-7所示。

左字右图

左图右字

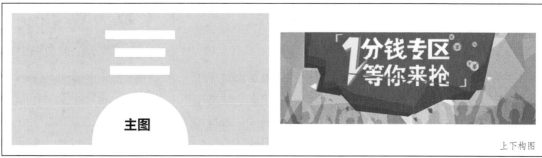

上下构图

文字主体构图

图8-7

　　其中，主视觉图的构图形式可以分为方形构图、圆形构图、三角形构图和线形构图。

方形构图： 空间利用率最高，适合信息量大的页面，如图8-8所示。

圆形构图： 圆润饱满，适合活泼、欢快的主题，如图8-9所示。

三角形构图： 倾斜的角度有指示的意思，也会带来速度感，适合时尚运动品牌或体现速度感、刺激感的主题，如图8-10所示。

图8-8   图8-9   图8-10

线形构图： 线形元素让版面更有层次，也起到分隔版面的作用，还可以通过线来引导用户的浏览顺序，如图8-11所示。

2. 设计执行的第二步：字体设计

字体在很多设计中都起到了重要作用，在运营设计中也一样，可以增强视觉效果，提升设计品质。为了迎合快节奏的运营设计，可以运用字体设计技巧缩短设计时间。字体设计技巧有字库造字、矩形造字、钢笔造字和手绘造字。

（1）字库造字

根据活动主题的风格，选择一款适合的字库字体作为基础字，通过笔画的添加、删减或置换的方法来使字体具有设计感，如图8-12所示。

图8-11

笔画的添加最常使用的方法是在横、竖、撇、捺的笔画端点进行添加，例如添加尖锐的三角形。笔画的删减最常使用的方法是断笔，将笔画的连接处断开。笔画的置换是将字体的某一笔画置换为图形。

（2）矩形造字

同样根据活动主题的风格，选择一款适合的字库字体作为基础字，根据主题需要将字体拉伸或压扁，再通过矩形在基础字上拼接字体，如图8-13所示。

基础字　　　　　　笔画添加　　　　　　笔画删减　　　　　　笔画置换

图8-12

基础字　　　　　　　　　　　　　　　矩形拼接字体

完成效果

图8-13

需要注意的是：笔画简单的文字，可以用粗细相同的矩形来拼接；笔画复杂的文字则要遵循5个原则——横细竖粗、副细主粗、内细外粗、密细疏粗和交叉变细。

（3）钢笔造字

使用钢笔工具造字会有一些难度，需要对字体结构有一定的了解，构建的字体才会比较自然。处理笔画时需要根据主题进行笔画变形，可以是连笔、断笔、改变字体重心、笔画省略、笔画重复等。

在前期构思阶段，设计师可以先在纸稿上绘制草图，再将草图转移到软件中进行处理，如图8-14所示。

图8-14

（4）手绘造字

手绘造字需要设计师具有一定的书法功底或字体设计基础，也可以在字库字体的基础上进行手绘造字。选择一款手绘字体，然后用手绘板直接在基础字上进行描摹，利用软件的其他工具为字体增加效果，例如，用宽度工具增加笔画效果，让手绘字体更随性，如图8-15所示，或者用钢笔工具描线，再替换笔刷，使文字效果符合活动主题。

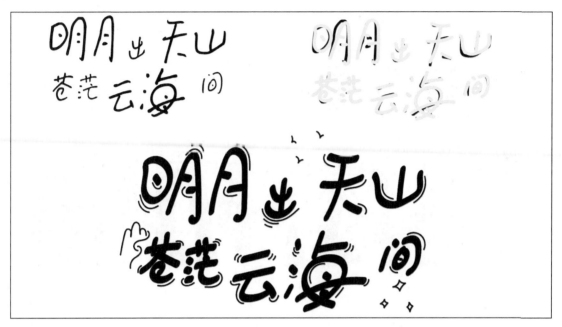

图8-15

3. 设计执行的第三步：配色

整体画面构建好以后，接着就要为元素着色。在运营设计中，色彩是不可缺少的，并且色彩是最能直观传达情感的表现方式之一。色彩既能突出设计重点，又能使整个画面和谐统一，如图8-16所示。高效的配色方法有4种——运用色相环、主题联想、搜寻色彩和色彩渐变。运用色相环的配色方法详见第6课的第2节知识2中色彩搭配基础知识的内容。下面介绍其他3种配色方法。

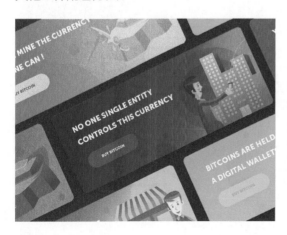 

图8-16

（1）主题联想

根据项目的创作主题方向进行联想，可以在对应主题的优秀摄影作品、游戏场景、插画、室内设计等图片中吸取颜色。例如从浅色的花朵照片中吸取色彩来营造柔和、温馨、甜蜜的气氛，从火红喜庆的戏曲人物和色卡中吸取颜色来烘托热闹、喜气、欢乐的新年盛宴，如图8-17所示。

图8-17

（2）搜寻色彩

通过网络搜索配色图片或者通过色彩搭配网站得出颜色搭配方案，也是简单有效的方法。例如在花瓣网上搜索配色，网站会罗列出很多配色图片，选择适合项目的配色方案应用即可。图8-18所示为某个配色网站，在页面左边选择一个颜色后，页面右侧下方会罗列出相应的配色方案。

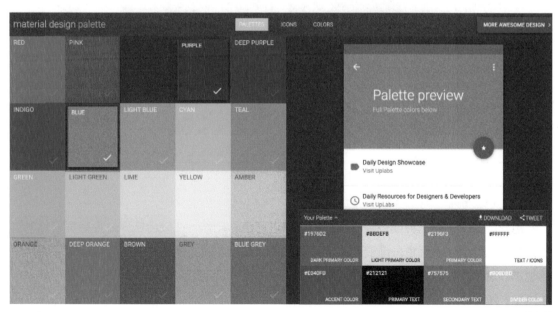

图8-18

在配色方案中选择颜色来定义主色、辅色、点睛色，主色用色面积最大，其次是辅助色，点睛色是用色面积最小的。

追波网是一个学习色彩比较方便的网站。单击页面右上角的"Filters"按钮，会弹出一栏选项，单击"Color"选项框，在弹出的颜色中选择任意颜色，网站会罗列出使用该颜色的作品，如图8-19所示。

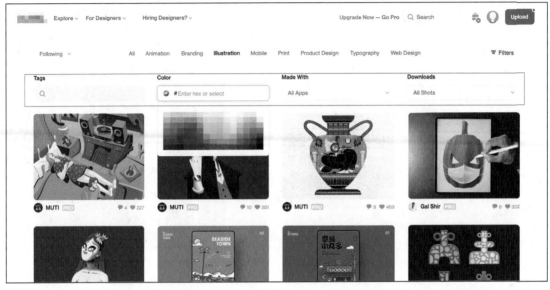

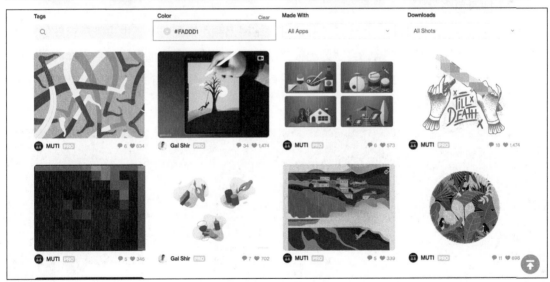

图8-19

（3）色彩渐变

色彩渐变是通过两种或多种不同的色彩来进行色彩创作，在颜色交界处会有很自然的过渡效果。在项目中使用色彩渐变，可以让项目色彩更加丰富，使画面更有趣，从而加深用户的视觉印象，如图8-20所示。同时色彩渐变也可以更好地强化物体的明暗关系，使物体具有立体感，如图8-21所示。

图8-20

图8-21

4.设计执行的第四步：装饰搭配

　　运营设计中常用点、线、面来装饰页面，如图8-22所示。点的形式有网格布局、线性

图8-22

布局、随机布局、半调化和粒子组合；线的形式有线性排列、面化排列、结构化、粗细混合、异性组合；面的形式有拼接、叠加、伪3D、层级化。除此之外，还可通过拆分、释义、联想的方法为页面做装饰搭配。

拆分是指将品牌Logo拆分为多个简约的图形元素作为辅助图形搭配在页面中。

释义是指结合品牌的含义或形象，延伸出相关联的图形元素作为辅助图形搭配在页面中。

联想是指结合品牌的图形特征，通过相似的图形代替品牌Logo作为辅助图形搭配在页面中。

第4节 运营设计综合案例

本节将通过健身品牌运营设计、音乐节活动运营设计这两个案例来详细讲解运营设计的思路及完整的制作过程。

案例1：品牌运营设计

本案例是健身品牌运营设计，需要为该健身品牌新出的一款App做推广，要求设计一个长条形网页，页面一共分为5屏，每一屏的尺寸为1920px×1080px。设计元素要简洁、干净和干练。这个案例中品牌的统一性很重要，所以整体颜色会以品牌标准色和品牌辅助色为主。完成效果如图8-23所示。

在Illustrator中新建一个文档，将尺寸设置为1920px×5600px，分别在垂直方向上的1080px、2160px、3240px、4320px和5400px的位置设置参考线，如图8-24所示。

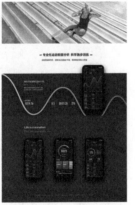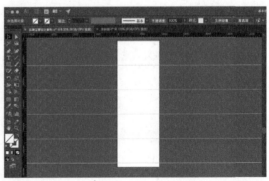

图8-23   图8-24

首先进行首屏的设计，首屏最顶端是导航栏，用矩形工具创建一个尺寸为1920px×90px的矩形，填充深紫色作为导航栏的底色，起到一定强调作用。导航栏内需要放置品牌Logo、首页等信息，如图8-25所示。

（图示：深色导航栏，包含品牌Logo、首页、跑步训练、数据分析等）

图8-25

首屏主图选用了大尺寸的人物跑步形象。将主图放在页面右侧，在左侧摆放品牌Logo和标语，以及两个操作按钮。操作按钮使用圆角矩形工具创建，并使用“渐变”面板填充渐变色，单击渐变滑块，在弹出的面板中改变渐变色，设置颜色为浅紫色到深紫色，如图8-26所示。

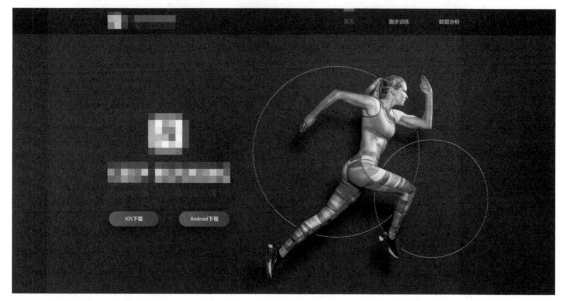

首页
跑步训练
数据分析
iOS下载
Android下载
图8-26

接下来是第二屏的设计。为了使内容信息明确、层级清晰，在之后的每屏中，有文字信息的部分都会采用相同的设计形式，即在文字部分填充一个白色的背景，使页面中紫色和白色交叉分布，这样能使整个页面的颜色节奏更加明快。文字信息采用居中对齐，文字两端用矩形做装饰，在中文文字下方放置一个浅色的英文打底，使文字版式更有层次。主标题的字号要大于次标题，字体颜色都使用紫色，色调保持统一，如图8-27所示。

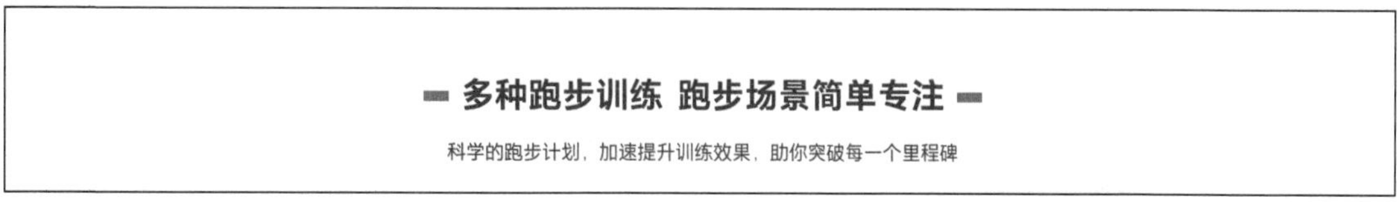

多种跑步训练 跑步场景简单专注
科学的跑步计划，加速提升训练效果，助你突破每一个里程碑
图8-27

文字部分完成之后是产品图的排版，需要将产品图等距摆放至第二屏。

用矩形工具绘制与页面同宽的矩形，将其放在产品图下方，然后填充深紫色，使页面整体色调统一。为了加强模型之间的关联性，引导视觉走向，可以在模型之间制作多个逐渐消失的指示方向的三角形。用多边形工具制作两个相同的三角形，将第一个三角形的不透明度设置为100%，第二个三角形的不透明度设置为20%，两个三角形中间要有一定的距离。用混合工具分别单击两个三角形，这时在两个三角形之间会出现不透明度逐渐降低的三角形。双击混合工具，根据画面需要调整指定步数，指定步数越少，过渡的图形越少。最终效果如图8-28所示。

图8-28

第三屏是具体的内容介绍，页面上半部分需要摆放图标和文字信息。填充白色作为页面的底色，放上4个栏目对应的图标，图标与文字垂直居中对齐。为第一个栏目的文字制作悬停效果，即鼠标指针放上去时的效果，用椭圆工具画一个圆，并填充白色，然后为白色圆做紫色投影效果。用矩形工具绘制一个与文字等宽的细长矩形，并填充紫色，将其放在栏目文字的下方。第三屏的下半部分选用一张满屏的人物运动图作为配图。第三屏的整体效果如图8-29所示。

图8-29

第四屏继续介绍产品，其文字部分的设计与颜色延续第二屏的设计。根据产品界面的特征，用钢笔工具勾勒曲线做装饰，并使用渐变描边效果，让画面更有动感。为"分钟/公里""用时""千卡"放上对应的图标，为画面增添细节，如图8-30所示。

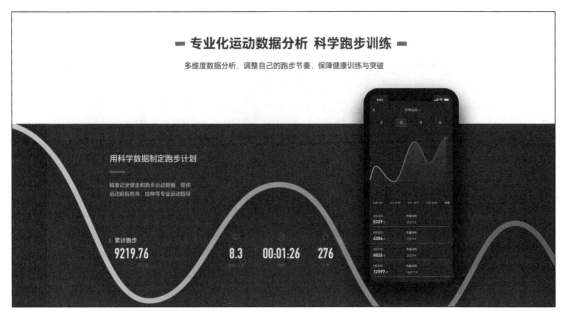

图8-30

第五屏为产品界面展示。用椭圆工具在背景上绘制圆环，让这一屏的界面富有装饰性。另外，页面上的手机模型要做投影效果。用矩形工具画出与手机模型差不多大小的矩形，并羽化。选中矩形，打开"外观"面板，把图形的混合模式改为正片叠底。最终效果如图8-31所示。

提示 羽化的颜色不要使用黑色，黑色会显脏，使用饱和度和明度比底色高一些的紫色。

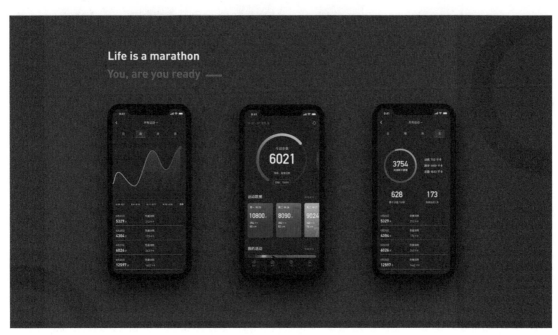

图8-31

最后在底部创建一个高度为200px的页脚，将其颜色与导航栏颜色统一，达到首尾呼应的效果，将公司的相关信息摆放上去，如图8-32所示。

关于我们　　加入我们　　联系方式　　训练课程　　运动轨迹　　社区精选　　社区规范　　用户协议　　隐私政策

图8-32

案例2：活动运营设计

本案例是一个音乐节活动运营设计，为一个即将到来的音乐节做活动运营页。

首先可以做头脑风暴，想想提到音乐节会联想到哪些元素，例如唱歌的人、各种各样的乐器、音符、装饰性的植物等。想到这些元素之后，将人物作为主体，电子琴、小号等乐器作为相关元素，植物和音符作为辅助元素，在纸上勾勒出草图。将草图拍照或者扫描上传到电脑，如图8-33所示。

把变成电子版的草图放在Illustrator中，将图片置于底层，锁定图层，避免图片被移动。用钢笔工具对每一个元素分别进行勾线。勾线的时候，每一个图形都要完全闭合，这样便于填色。勾线完成的效果如图8-34所示。

图8-33　　　　　　　　　　　　　　　　　　图8-34

接下来为勾好线的插画确定配色方案——以蓝色为主色调，红色为辅助色，黄色为点睛色。将背景颜色设置为深蓝色，将人物的部分头发、人物的衣服，以及部分叶子填充为浅蓝色，将飘散的头发和剩下的叶子填充为一个介于浅蓝色和深蓝色之间的颜色，使颜色有层次变化，如图8-35所示。

将人物的皮肤填充为肉色、腰带填充为红色，这样和蓝色衣服形成色彩对比；将电子琴部分键盘填充为淡红色，话筒、电子琴剩余键盘填充为黑色，吉他填充为红色，萨克斯填充为黄色，萨克斯的按键以及阴影部分填充为深黄色营造立体感，萨克斯飘出的波浪面填充为浅蓝色。整个画面的大色块填色完成效果如图8-36所示。

图8-35 图8-36

　　大色块填色完成之后还需要丰富细节。调整植物叶脉的颜色，用小短线装饰增加肌理。这样主视图部分就完成了，效果如图8-37所示。

图8-37

接下来开始文字的设计。文字设计运用钢笔造字法。首先在纸稿上画出草图，对应不同活动图的尺寸，设计横版和竖版两种文字方案，如图8-38所示。将草图拍照上传到电脑，在Illustrator中使用钢笔工具勾线。在"描边"面板中，将端点类型设置为"圆头端点"，将边角类型设置为"圆头连接"，效果如图8-39所示。

图8-38　　　　　　　　　　　　　　　　　　　　　　　　　　　　　　图8-39

将主题文字和活动信息进行排版。为了使文字部分的色调与主视图色调统一，文字颜色选用蓝色。主题文字做了双重描边处理，单击"外观"面板左下角的"添加新描边"按钮，描边颜色选择黄色，描边大小比蓝色描边小1pt，打开"描边"面板，端点类型选择"平头端点"，边角类型选择"圆角连接"，对齐描边类型选择"使描边居中对齐"。最终效果如图8-40所示。

图8-40

最后根据应用的场景，制作不同尺寸的运营图。描边字体在放大或者缩小的时候，粗细会产生变化，需要对描边大小做出相应的调整，如图8-41所示。

图8-41

本课模拟题

1.单选题

主视觉的构图形式可以是方形、圆形、三角形和线形，其中适合时尚运动品牌主题的是（　　）。

A.方形构图 B.圆形构图

C.三角形构图 D.线性构图

参考答案

本题的正确答案为C。

2.多选题

文字与图片的关系可以分为哪几种（　　）。

A.左字右图构图 B.左图右字构图

C.左中右构图 D.上下构图和文字主体构图

参考答案

本题的正确答案为A、B、C、D。

作业：儿童节活动 banner 设计

请为某电商平台的儿童节促销活动设计一个banner。

核心知识点 构图、色彩、版式设计、常用插画工具的使用。

尺寸 750px×390px。

颜色模式 RGB模式。

作业要求

（1）电商平台的名称自拟，Logo需要自行设计；banner的文案自拟，需要至少包含一句主广告语和一句促销活动介绍。

（2）banner中使用的素材需要自行绘制或自行搜索。

（3）banner的设计需要突出活动主题，信息层次分明，整体风格与儿童节相符。

第 **9** 课

品牌设计

Illustrator软件很常见的一项应用就是用来做品牌设计，包括产品的颜色选取、字体设计、图形设计等。可以给产品的包装制作平面图，也可以设计产品周边，如产品纸袋上面的不干胶设计等。本课将以一个案例贯穿始终，结合该案例来讲解产品设计的每一个环节，使读者能深入地了解在Illustrator中如何做品牌设计。

第1节 品牌设计的概念

广义的品牌设计是指一切与品牌相关的设计，哪怕是一句广告词或一首音乐。我们可以将品牌设计简单地理解为协助企业构建形象，形成品牌价值，加深消费者的印象，增强消费者的归属感和认同感的设计。很多人认为Logo和Logo相关的一套视觉体系就是品牌设计，这是对品牌设计的一个错误认识，基于Logo的视觉体系只是品牌设计的其中一个部分。品牌设计还包括品牌定义、品牌策略、品牌理念、品牌塑造、品牌推广、品牌升级等，如图9-1所示。

图9-1

视觉识别系统（Visual Identity System，VIS）即企业视觉形象识别。VIS包括基础部分和应用部分，基础部分包括标志图形、标准字、标准色、辅助图形、吉祥物，以及组合规范，如图9-2所示。应用部分主要包括几个子系统：办公应用系统、环境规划系统、指示系统、媒体广告系统、产品包装系统、员工服饰系统、交通规范系统，以及公关礼品系统。

图9-2

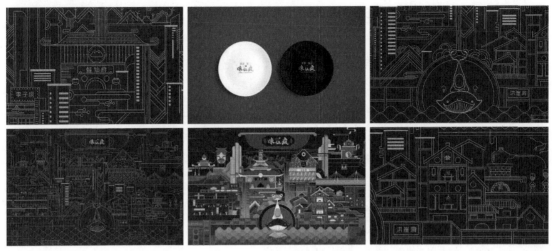

图9-2（续）

第2节 品牌名称

　　品牌名称是指品牌中可以用语言称呼的部分，例如苹果、星巴克、可口可乐等。品牌名称要易于发音，与产品有关联，并且易于记忆。好的品牌名称能够准确地传达企业的品牌个性和理念，能引导消费者对品牌进行联想，树立品牌信心。品牌名称还要有较大的可塑空间，具有延展性。

　　下面通过一个案例来讲解一个品牌从品牌名称的定义到Logo的制作、基础字的选择、颜色的定义、辅助图形的绘制，最后将设计应用到产品包装上的完整工作流程，加深读者对品牌设计的了解，并使读者掌握用Illustrator设计图形和图案的方法以及如何将这些设计元素应用到产品包装上。

　　图9-3所示的瓷器，是要做产品推广的定瓷。定瓷是由宋代五大名窑之一的定窑产出的，质地精良、纹饰秀美、色泽淡雅。为了将定瓷文化更好地继承和发扬，要为定瓷做品牌化管理。

图9-3

品牌名称的缘由："念念有瓷"取自成语"念念有词",将"词"替换为"瓷"。"瓷"是指白如玉、细腻如凝脂的定瓷。"念念"代表对古代定瓷艺术巅峰的追忆,以及对当代定瓷发展的勉励。有了品牌名称以后,接下来为品牌做Logo设计。

第3节 品牌Logo

Logo是指徽标或者商标,通过形象的标志让消费者记住企业和品牌文化。优秀的品牌Logo需要符合企业文化、品牌定位、企业特征,要简洁明了,让消费者能够在最短的时间内识别出品牌,并自然而然地联想到企业或产品,还要能够灵活地使用在各个场景中,在不同的画面中都有强大的表现力。在拿到设计项目时需要对项目进行分析,只有思路清晰、目标明确,才能高效完成设计作品。

常见的几种Logo设计形式有:中文Logo、英文Logo、中文+英文、图案+中文、图案+英文、图案+中文+英文。

中文Logo: 通过将文字拉伸或压扁,以及添加、删减、置换或拼接笔画等方法,让文字图形化或者符号化,使其具有较好的传播性,如图9-4所示。

图9-4　　　　　　图9-5

英文Logo: 选用一个或几个字母来做字体设计,设计时通常采用等线体,即由相等的线条来组成Logo;还有书法体,其字形特点是活泼和自由;也可选用装饰体,在基础字体上进行适当装饰,如在字母外形上加线或投影,加装饰形象、肌理效果等,如图9-5所示。

很多数码科技类、高端护肤美妆类、奢侈箱包类、高端服饰饰品类品牌喜欢采用英文Logo,英文Logo的优点在于潮流大气、国际化、符合现代化企业的形象。

中文+英文: 应用广泛,符合国际化和现代化的企业形象。企业面向国内市场则突出中文,面向国外市场则突出英文,如图9-6所示。

图案+中文: 最常用的Logo设计形式之一,图案应非常具有识别性,但造型要简单明了,且色彩不能太多,否则不易于传播,如图9-7所示。

图案+英文: 国际上最常用的一种Logo设计形式,应用广泛,图案与文字的搭配方式可以是竖版也可以是横版,如图9-8所示。

图案+中文+英文: 如果产品或服务需要在多个国家销售,那么图案+中文+英文的搭配方式会更好,如图9-9所示。

图9-6　　　　　　图9-7　　　　　　图9-8　　　　　　图9-9

案例：制作Logo

下面针对"念念有瓷"品牌的特点选择一个合适的搭配形式。中文Logo的优点是直观、识别度高、易于传播。以文字设计为主要设计方向，能加深消费者对品牌的印象，使品牌文化深入人心，形成良好的品牌口碑。所以把Logo设计方向定义为中文Logo，且将设计重点放在"念念"两个字上，做汉字的图形化处理。

整体设计以简洁为主。可以将其中一个念字旋转，使两个念字共用一个"心"。确定好思路后可以先选择一个系统字作为字体设计的骨架，在此系统字的基础上处理笔画的细节。

1.制作骨架

新建一个文档，在文档中输入需要的文字，为其选择一个字形有变化的字体，并调整字号，给文字添加一个带颜色的圆形背景作为参考对象。将念字放大至圆形背景大小，颜色调浅，并将文字锁定，作为骨架，便于后续操作。效果如图9-10所示。

2.组成笔画

运用矩形工具绘制一个矩形作为笔画，定义笔画的粗细、颜色，复制出一些笔画进行摆放、旋转和变形，根据文字骨架进行描摹，随时调整笔画的倾斜角度和粗细，使之沿文字骨架组成一个"念"字。因为想要做两个"念"字成上下结构共用一个心的效果，可以先设计"念"字上面的"今"字，设计好后将其复制，旋转后作为另一个"念"字的上半部分。效果如图9-11所示。

3.制作心字

用矩形工具先做出中间的直线段笔画，将圆复制，并原位粘贴两次，再缩小其中一个圆，选择大的圆，在"属性"面板中单击"减去顶层"按钮得到一个圆环，将圆环填充为和字体一样的颜色，再将上下部分删除，剩下的两个小弧形作为心字的两个笔画。效果如图9-12所示。

4.优化调整局部笔画

为了能突出定瓷自身的坚硬度和造型柔美的特点，可以给笔画添加圆角，先复制保留一份原始稿件，以便在操作不当时重新调整。合并图形，用直接选择工具拖曳锚点调整文字的圆角，如果锚点较多可以用钢笔工具先删除多余的锚点再进行操作。注意笔画的外部转角使用较圆润的大圆角，内部转角使用较小的圆角，使笔画达到刚柔结合的效果。最后去掉圆形背景，品牌Logo就制作好了。效果如图9-13所示。

图9-10   图9-11   图9-12   图9-13

第4节 品牌视觉系统

品牌视觉系统是一套系统的、统一的视觉符号，是品牌最直接、最具有传播力的设计，它可以让消费者快速识别品牌并对其产生认知。品牌视觉系统包括基础部分和应用部分两个部分。

基础部分是品牌的核心视觉要素的规范设计，核心视觉要素主要包括标志、色彩、字体、图案和组合形式，其中前三者最为关键。

1.色彩的选取

色彩是人们对产品的第一视觉印象，对于品牌形象的视觉表达要优于图形和文字，所以对色彩进行归纳和提炼是非常重要的。选取颜色时可以翻阅参考资料，也可以从瓷器图片上吸取颜色，再优化颜色数值，使之更适用于产品包装。

以定瓷产品为例，定瓷除了白色还有其他颜色，可以分别从酱釉、紫釉、姜黄釉和绿釉的瓷器中提取色彩倾向比较明显的颜色作为产品包装中的主要色彩，与其他瓷器品牌形成鲜明对比，强化品牌识别性，更好地诠释定瓷文化内涵，建立定瓷文化与消费者之间的连接。

操作方法

新建一个文档，把要提取颜色的3张图片拖曳到画布中并调整到合适的大小，再嵌入图片。用矩形工具绘制矩形，选择图片中色彩倾向明确、明亮的颜色，吸取这些颜色作为矩形的填充色，如图9-14所示。从吸取的颜色中选择一些颜色用到产品包装上，使用"颜色"面板归纳颜色的数值，进行优化处理，使之更适用于产品包装的印刷。设置完颜色后把颜色数值标注在色块上，方便以后使用，如图9-15所示。

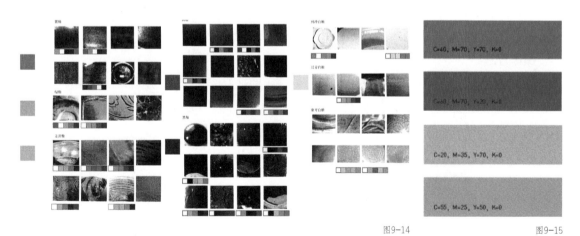

图9-14　　　　　　　　　　　　　图9-15

2.字体的选取

文字可以准确地传递品牌信息，不同的字体可以体现出不同的品牌气质。当文字的字形、色彩等与品牌自有的气质达成一致时，才能达到最佳传播效果，若这些核心元素与品牌气质不一致，会造成消费者理解混乱。本案例采用金陵简体作为基础字形，如图9-16所示。金陵简体是一种衬线类字体，笔画横细竖粗，笔画末端有些许装饰，该字体能充分体现出复古的时代感，既可单独以文字方式使用，也能和Logo图形组合使用，将定瓷文化的核心点清晰地传达给消费者。

图9-16

3. 图形的选取

在选择包装的辅助图形时，以定瓷的装饰纹样作为切入点。定瓷有很多纹样，莲纹是定瓷的主要装饰纹样之一，这里选择莲纹作为瓷器包装的辅助图形，能很好地与定瓷产品形成品牌共鸣，给消费者留下一致且深刻的印象。在拆解辅助图形的过程中，要重点保留刻花、划花的笔画特征，对其进行图形归纳，以便使用与传播。

辅助图形的设计思路主要是以定瓷上的纹样作为设计方向，以莲纹为主，根据纹样特点进行设计，保留纹样原本的一些特点，如线条流畅和划花的细节等。

操作方法

在Photoshop中将扫描下来的纹样进行处理，使之变成黑白图，用画笔工具填补缺失的笔画和绘制花瓣里面的细节，绘制完后将纹样组合，如图9-17所示。制作完成后，把图像模式改为灰度，存储为JPG格式的图片，以便后续使用。

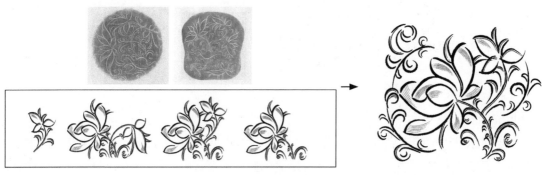

图9-17

打开Illustrator，拖曳存储的图片至画布中并嵌入画布，执行"窗口－图像描摹"命令，根据预览效果调整高级选项，最后单击"扩展"按钮完成图像描摹的操作。选中图形，执行"效果－扭曲和变换"命令，设置水平移动和副本数量参数，即可得到一行图形，复制图形并错位放置后得到辅助图形如图9-18所示。接下来设置辅助图形的颜色，建立画板，双击进入隔离模式，选中图形并设置填色为白色，绘制一个矩形，将矩形填充为黑色并置于底层作为背景，就得到了如图9-19所示的效果。

图9-18

图9-19

案例：制作应用

应用部分是品牌在不同情况下需要用到的设计，由于各个品牌行业、业务、产品和商业模式等都不一样，所以在视觉应用设计上的需求也不相同。

本案例是以瓷器为主的品牌，以茶具为主要产品，茶具纸包装采用的是天地盖的包装形式，在纸盒的盖顶部分采用莲纹的图案设计，并且只展示图案主要的部分，剩余部分的图案延展至纸盒侧面。除了做产品的包装设计，还要做产品的标签设计，标签设计主要突出品牌Logo，用英文做文字装饰，用辅助图形进行搭配，既能丰富整个标签内容又能突出主题。标签的粘贴形式是把下方"念念有瓷"的文字标识落在纸盒侧面，与正面标识的放置位置相呼应，加强产品设计的延展性。

1.制作标签

新建一个和标签大小匹配的文件，把之前选取的颜色复制进来作为参考使用，选取其中一个颜色作为背景色。将Logo复制到页面中，设置其大小和颜色，并调整到合适的位置。添加直线段并设置其描边粗细，输入广告语并设置其字体、字号、字距、颜色，以此来丰富标签。

2.为标签更换颜色

选中并拖曳画板1到"新建画板"按钮上，将其复制3份，修改画板名称以便区分，用吸管工具吸取另外几个颜色更换标签背景颜色，调整标签的大小，制作4个不同的标签，效果如图9-20所示。

图9-20

3. 制作产品包装平面图

　　新建一个和产品包装同样大小的画板，把刚才制作好的标签进行编组，放置到画板上，把辅助图形也放置到合适的位置，需要用到辅助图形的局部图案时，可以用钢笔工具建立剪切蒙版，只留下需要的局部图案，并放置到合适的位置，产品包装的平面图就制作好了。用相同的方法制作其余标签的平面图。效果如图9-21所示。

图9-21

4. 制作包装立体效果

　　包装的立体效果制作需要在Photoshop中完成，在Illustrator中执行"文件-导出-导出为"命令，将制作好的标签和产品平面图导出为JPG格式的图片。打开Photoshop中的样机文件，选择带有立体效果的图层，双击进入正面的图层，导入标签图片和辅助图形，调整其大小并放置在合适的位置，为图片和图形添加底色。制作侧面时可以复制图层，可以使用剪切蒙版遮挡多余部分，留下需要的部分来制作包装侧面的延伸部分。用相同的方法制作多个产品包装的立体效果。制作完成后效果如图9-22所示。应用效果如图9-23所示。

5. 制作不干胶标签

　　不干胶标签可以用于产品包装或包装纸袋上，在Illustrator中新建一个文档，用圆角矩形工具绘制一个和不干胶大小相等的圆角矩形。将Logo、辅助图形和选取的颜色放入文档中，将Logo放在矩形内与矩形框水平居中对齐，将辅助图形设置为底部背景，为矩形框填充颜色，将Logo和辅助图形的花纹设置为白色。降低背景图案的不透明度，做成暗纹的效果，标签就制作好了。全选标签并按住"Alt"键拖曳复制出3个，分别填充不同的背景色，4个方形标签就做好了。用相同的方法也可以制作圆形标签，把矩形换成圆即可。制作图案时可以使用剪切蒙版，可以使用莲纹的一部分，也可以添加一些线条，使用路径文字等制作多种效果，也可以制作长方形标签，如图9-24所示。

图9-22

图9-23

图9-24

本课模拟题

单选题

你需要为一款新品面包设计广告，以下哪一幅图像最能吸引其目标人群？（　　）

A

B

C

D

提示 要为新品面包设计广告，那么广告中突出核心产品才能吸引目标人群。

参考答案

本题的正确答案为D。

作业：制作一系列的品牌应用

请为某品牌设计一系列的品牌应用。

核心知识点 构图、色彩、版式设计、常用插画工具的使用。

尺寸 自定。

颜色模式 RGB模式。

作业要求

（1）品牌名称自拟，Logo需要自行设计；品牌应用类型自定。

（2）品牌应用中使用的素材需要自行绘制或自行搜索。

（3）品牌应用的设计需要突出品牌类型，信息层次分明，整体风格与品牌相符。

参考范例